ベーシック
電磁気学

九州大学名誉教授
理学博士

河辺哲次 著

裳華房

BASIC ELECTROMAGNETISM

by

Tetsuji KAWABE, DR. SC.

SHOKABO

TOKYO

はじめに

　本書は，大学の理工系学部における基礎教育レベルの電磁気学のテキストである．電磁気学は，力学と同様に，最も重要な基礎的学問の一つであるが，力学に比べて"難しい"とよくいわれる．

　素朴に考えれば，力学は目に見える物体の運動を扱うのに対して，電磁気学は目に見えない電気や磁気を対象としているから，難しいという印象をもつのは当然である．また，難しく感じる理由には，2つの学問体系が形成された歴史の違いにもあるだろう．

　よく知られているように，力学はニュートンによってその基礎がつくられ，ニュートンの3つの運動法則を出発点にして理論が展開されていく．その意味で，力学は一定の前提から論理規則に基づいて必然的に結論を導き出すという演繹的な学問であるといえる．

　それに対して，電磁気学はクーロンからマクスウェルに至る長い年月の間に，いろいろな電磁気現象からいくつもの法則が見つけ出され，その集大成として4つのマクスウェル方程式に到達した．その意味で，電磁気学は個々の具体的事実から一般的な法則を導き出すという帰納的な学問であるといえる．

　このように，電磁気学は複雑多岐にわたる道筋を通って成立した学問なので，これを理解するのは力学よりも難しい．もちろん，マクスウェル方程式を出発点として，電磁気学を力学のように演繹的に説明することは可能だが，マクスウェル方程式の基礎となった具体的な電磁気現象を理解していなければ，電磁気学の全体像を正しく学ぶことは難しいだろう．

　さらに，電磁気学を力学に比べて難しくさせている本質的な理由は，電磁気学が電場や磁場のような場（field）というやや抽象的な概念と物理量に基づく学問（これを「場の理論」という）であることだろう．場はローカル

（局所的）な量なので，数学的には微分で表現されるが，場を介して生じるグローバル（大局的）な現象は積分で記述される．このため，電磁気学は積分形と微分形の 2 つの形式で表すことができるが，微分形はベクトル演算とベクトル解析を駆使するので，これらの定義に慣れないと理解が難しい．

これらのことから，本書では，初学者がストレートに電磁気学の基本的な全体像を学べるように，

- 電磁気学の全体像が見通しやすい自由空間（真空）中の現象だけを扱う．
- 電磁気学の法則が直観的に理解しやすい積分形を用いる．

この 2 つを基本方針とした．

そして，次のような点に留意した．

1. 基礎的な法則を図と数式を用いて丁寧に解説する．
2. 法則の導出と法則の使い方を例題形式でわかりやすく解説する．
3. 演習問題と例題に数値計算を入れて，法則の定量的な理解を深める．
4. 計算の方法や手順を丁寧に解説する．
5. 高校数学の知識で理解できるように，必要な数学事項を丁寧に解説する．
6. 特に注意してほしい箇所にはアンダーラインを入れる．

このような点を重視しながら，様々な意味で"難しい"電磁気学が"わかって使える"ようになることを目標とした．

最後に，本書の完成に至るまでの間，本文が読みやすく，わかりやすくなるように，いろいろと細部にわたって懇切丁寧なコメントやアドバイスを頂いた，裳華房 企画・編集部の小野達也氏に厚くお礼を申し上げます．

2011 年 9 月

河辺哲次

目　　次

第 1 章　電荷による電場

- 1.1　クーロンの法則 ・・・・・ 1
  - 1.1.1　クーロン力 ・・・・・ 2
  - 1.1.2　重ね合わせの原理 ・・・ 4
- 1.2　電場と電気力線 ・・・・・ 7
  - 1.2.1　電場 ・・・・・・・・ 7
  - 1.2.2　電気力線 ・・・・・・ 11
- 1.3　電束と面積分 ・・・・・・ 12
  - 1.3.1　電束 ・・・・・・・・ 12
  - 1.3.2　電場の面積分 ・・・・ 15
- 1.4　電場のガウスの法則 ・・・ 18
  - 1.4.1　電束の計算法 ・・・・ 19
  - 1.4.2　電場の計算法 ・・・・ 21
- 1.5　電位 ・・・・・・・・・・ 25
  - 1.5.1　仕事と線積分 ・・・・ 25
  - 1.5.2　電位と電位差 ・・・・ 28
- 1.6　等電位面と電位の勾配 ・・ 33
- 1.7　導体 ・・・・・・・・・・ 37
  - 1.7.1　静電誘導と導体の性質・ 37
  - 1.7.2　コンデンサー ・・・・ 40
- 1.8　電場のエネルギー ・・・・ 44
- 第 1 章のまとめ ・・・・・・・ 47
- 演習問題 ・・・・・・・・・・ 48

第 2 章　電流による磁場

- 2.1　電流 ・・・・・・・・・・ 51
  - 2.1.1　定常電流とドリフト速度 52
  - 2.1.2　オームの法則とジュール熱 ・・・・・・・・・ 56
- 2.2　定常電流とキルヒホッフの法則 ・・・・・・・・・・・ 60
- 2.3　定常電流による磁気作用 ・・ 65
  - 2.3.1　ビオ - サバールの法則 66
  - 2.3.2　磁場の計算法 ・・・・ 68
- 2.4　アンペールの法則 ・・・・ 72
- 2.5　過渡電流と RC 回路 ・・・ 78
- 2.6　アンペール - マクスウェルの法則 ・・・・・・・・・・ 82
  - 2.6.1　アンペールの法則のパラドックス ・・・ 82
  - 2.6.2　変位電流 ・・・・・・ 84
- 2.7　磁場のガウスの法則 ・・・ 86
- 第 2 章のまとめ ・・・・・・・ 90
- 演習問題 ・・・・・・・・・・ 92

第3章　外部の磁場による力

- 3.1　ローレンツ力 ・・・・・ 94
  - 3.1.1　電流にはたらく力 ・・ 97
  - 3.1.2　電流の間にはたらく力・ 98
- 3.2　コイルにはたらく力 ・・・ 100
- 3.3　コイルと磁石の磁場 ・・・ 105
- 第3章のまとめ ・・・・・・ 109
- 演習問題 ・・・・・・・・・ 110

第4章　電磁誘導

- 4.1　ファラデーの電磁誘導の法則
  ・・・・・・・・・・・ 112
  - 4.1.1　電磁誘導を示す実験 ・ 113
  - 4.1.2　レンツの法則 ・・・・ 116
- 4.2　誘導起電力と磁束の変化 ・ 118
  - 4.2.1　誘導起電力 ・・・・・ 118
  - 4.2.2　磁束の変化 ・・・・・ 119
- 4.3　誘導電流 ・・・・・・・・ 121
  - 4.3.1　変動する磁場の場合 ・ 121
  - 4.3.2　運動するコイルの場合　125
- 4.4　インダクタンス ・・・・・ 132
  - 4.4.1　自己誘導と LR 回路 ・ 132
  - 4.4.2　相互誘導と変圧器 ・・ 136
- 4.5　磁場のエネルギー ・・・・ 140
- 第4章のまとめ ・・・・・・・ 142
- 演習問題 ・・・・・・・・・・ 143

第5章　マクスウェル方程式と電磁波

- 5.1　変動する電磁場 ・・・・・ 145
  - 5.1.1　マクスウェル方程式 ・ 146
  - 5.1.2　電磁波と変位電流 ・・ 148
- 5.2　電磁場の波動方程式 ・・・ 149
- 5.3　電磁波と光 ・・・・・・・ 153
  - 5.3.1　平面電磁波 ・・・・・ 154
- 5.3.2　電磁波のエネルギー ・ 157
- 5.4　マクスウェル方程式の微分形
  ・・・・・・・・・・・ 159
- 第5章のまとめ ・・・・・・・ 162
- 演習問題 ・・・・・・・・・・ 163

第6章　交流回路

- 6.1　交流 ・・・・・・・・・・ 164
  - 6.1.1　交流の実効値 ・・・・ 165
  - 6.1.2　位相ベクトルと位相図　166
- 6.2　RLC 直列回路 ・・・・ 167

目次

- 6.2.1 インピーダンス ・・・ 169
- 6.2.2 回路素子のリアクタンス ・・・・・・・・・・ 172
- 6.3 共振回路 ・・・・・・・ 175
- 6.4 電気系と力学の振動系とのアナロジー ・・・・・・ 178
- 第6章のまとめ ・・・・・・・ 183
- 演習問題 ・・・・・・・・・ 184

付　録

- A. 数学公式 ・・・・・・・ 186
- B. 電場のガウスの法則の証明・ 193
- C. アンペールの法則の証明・・ 196
- D. 磁束の変化量 ・・・・・ 198
- E. 電磁場の相対性と誘導電場・ 200
- F. マクスウェル方程式の平面波近似 ・・・・・・・・・・・ 203
- G. マクスウェル方程式とベクトル場の積分公式・・ 205
- H. 電磁気学の単位 ・・・・・ 207

演習問題解答 ・・・・・・・・・・・・・・・・・・・・ 210
さらに勉強するために ・・・・・・・・・・・・・・・・ 217
索　引 ・・・・・・・・・・・・・・・・・・・・・・・ 219

第1章

電荷による電場

　真空中に静止している電荷が引き起こす静電気現象は，クーロンの法則をもとにして理解される．本章では，クーロンの法則が，電場のガウスの法則に一般化されることを解説する．この法則は，電磁気学の基礎方程式であるマクスウェル方程式の一部になる重要なものである．次に，電位が電場内の仕事や位置エネルギーと直結した量であることを示す．そして，導体の電気的な性質や真空中の電場のエネルギー密度などについて述べる．

学習目標
1．クーロンの法則と静電場を理解する．
2．電場のガウスの法則を使えるようになる．
3．電位と電位差の違いを理解する．
4．導体の電気的な性質を説明できるようになる．
5．電場は電気エネルギーをもつことを理解する．

1.1　クーロンの法則

　ドアの金属製ノブに手で触れた瞬間に，ビリッと感じた経験は多くの人にあるだろう．これは，体に貯まった電気がノブに触れた指先から一瞬にして放電するときの電気ショックである．この電気は，例えばカーペットなどの上を歩いているときに，靴との摩擦によって体に蓄積したものである．また，寒い季節にセーターなどを脱いだときにも，パチパチと電気火花とともに肌に痛みを感じた人も多いだろう．

　摩擦などで電気的な現象を示すようになった物体は，電気または電荷を帯

びている（帯電している）といわれる．つまり，**電荷**（電気）とは電気現象を引き起こす実体のことである．電荷の分布が時間的に変化しないときの現象を**静電気**現象とよび，電荷の間には**静電気力**がはたらく．この静電気力の性質を述べたのがクーロンの法則である．この法則が電磁気学の基礎となるから，この解説から始めよう．

1.1.1 クーロン力

「静止した2つの点電荷 q と q' の間にはたらく静電気力の大きさ F は，2つの電荷の積 qq' に比例し，距離 r の2乗に反比例する．力の方向は，点電荷を結ぶ直線の方向である．」

この**クーロンの法則**を式で表すと

$$F(r) = \frac{1}{4\pi\varepsilon_0}\frac{qq'}{r^2} \tag{1.1}$$

となり，この静電気力 F を**クーロン力**という．クーロン力は図1.1(a)のように，2つの電荷が異符号（$qq' < 0$）のとき引力（引き合う力）となり，同符号（$qq' > 0$）のとき斥力（反発し合う力）となる．

点電荷とは，電荷だけをもっていて大きさのない帯電体のことである．現実には存在しないが，力学で学ぶ，質量だけをもっていて大きさのない質点に相当する．

フランスの科学者クーロンは，18世紀後半（1785年）に測定距離に比べて大きさが無視できるほどに小さな帯電球を点電荷と見なして，静電気力をねじれ秤で測定し，この法則を発見したのである（以降では，内容に応じて点電荷を単に電荷と書くことにする）．

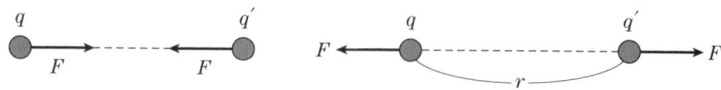

(a) q と q' が異符号の場合（引力）　　(b) q と q' が同符号の場合（斥力）

図1.1　点電荷にはたらく力

クーロン力（1.1）の右辺にある比例定数の値は

$$\frac{1}{4\pi\varepsilon_0} = \frac{c^2}{10^7} = 8.988 \times 10^9 \approx 9 \times 10^9 \, \text{N}\cdot\text{m}^2/\text{C}^2 \tag{1.2}$$

である．ここで，c は真空中の光の速さ（光速）

$$c = 2.998 \times 10^8 \approx 3 \times 10^8 \, \text{m/s} \tag{1.3}$$

である．クーロン力（1.1）の比例定数の形が（1.2）となるのは，MKSA 有理単位系を採用したためで，C は電荷の単位のクーロンを，N は力の単位のニュートンを表す．

また，ε_0 は**真空の誘電率**とよばれる量で，(1.2) から

$$\varepsilon_0 = \frac{10^7}{4\pi c^2} = 8.854 \times 10^{-12} \approx 9 \times 10^{-12} \, \text{C}^2/(\text{N}\cdot\text{m}^2) \tag{1.4}$$

である．比例定数の中に，なぜ光速が現れるのかを不思議に思うかもしれないが，この謎は第 5 章で解けることになる．

（参考）MKSA 有理単位系

力学では力の単位ニュートン（N）を，ニュートンの運動方程式（質量 × 加速度 = 力）で定義する．つまり，1 N は質量 1 kg の物体に作用して 1 m/s^2 の加速度を生じさせる力として定める．長さ，質量，時間の単位をそれぞれメートル（m），キログラム（kg），秒（s）とするので，この単位系を **MKS 単位系**とよぶ．

ところが，クーロン力は電荷にはたらく力なので，MKS 単位系だけでは表すことができない．そのため，新しい基本単位が必要になる．実用的な観点から決められた国際単位系では，この基本単位として，第 2 章で扱う電流が採用されている．電流の単位はアンペア（A）である．これを MKS 単位系に加えて，**MKSA 単位系**という．例えば，1 クーロン（C）の電荷は，1 A の電流が 1 s 間に運ぶ電荷量として定義される．つまり，1 C = 1 A·s である．

ただし MKSA 単位系は，これから学んでいく 4 つの基本法則（マクスウェル方程式）とローレンツ力を組み合わせて定義されるから，ここですべてを解説することはできない．第 5 章の「マクスウェル方程式」を終えてから，付録 H の「電磁気学の単位」を参照してほしい．

なお，比例定数 (1.2) の無理数 4π は，第 5 章で学ぶマクスウェル方程式の中に 4π が現れないようにするために意図的に導入されたものである．電荷などの量の定義をこのように変えることを有理化するといい，この単位を有理単位という．

［例題 1.1］クーロン力の大きさ

電荷 $q = +1\,\mathrm{C}$ と $q' = -1\,\mathrm{C}$ の 2 つの点電荷を $r = 1\,\mathrm{m}$ だけ離して固定する．

（1） 点電荷の間にはたらくクーロン力の大きさ F を求めなさい．

（2） $1\,\mathrm{kg}$ 重 $= 1\,\mathrm{kgW} = 10\,\mathrm{N}$（正確には $9.8\,\mathrm{N}$ であるが，計算を簡単にするため近似値を使う）として，この F を kgW の単位で答えなさい．ただし，$1/4\pi\varepsilon_0 = 9 \times 10^9\,\mathrm{N\cdot m^2/C^2}$ とする．

［解］（1） 2 つの点電荷が互いに異符号なので，クーロン力は引力である．その大きさは（負符号をはずすために絶対値をとって）$F = (1/4\pi\varepsilon_0)(|qq'|/r^2) = (9 \times 10^9) \times \{(1 \times 1)/1^2\} = 9 \times 10^9\,\mathrm{N}$ となる．

（2） $1\,\mathrm{kg}$ の物体にはたらく重力の大きさが $1\,\mathrm{kgW} = 9.8\,\mathrm{N}$ である．これを $1\,\mathrm{kgW} = 10\,\mathrm{N}$ と近似しているので，$F = 9 \times 10^9\,\mathrm{N} = 9 \times 10^8\,\mathrm{kgW} (= 9 \times 10^5\,\mathrm{tW})$ となる．これから，$1\,\mathrm{C}$ の電荷が非常に大きな値であることがわかる．（演習問題 [1.1] を参照）．

クーロン力の大きさを実感できる例は，身近にいろいろとある．例えば，プラスチックの下敷きをこすってから小さな紙片に近づけると，紙片は下敷きに吸いつく．これは，紙片にはたらくクーロン力の方が，地球の全質量から生じる引力よりもはるかに強いことを示している．

1.1.2 重ね合わせの原理
クーロン力のベクトル表現

ベクトルは，大きさと向きをもつ量であり，矢印で表すことができる

1.1 クーロンの法則

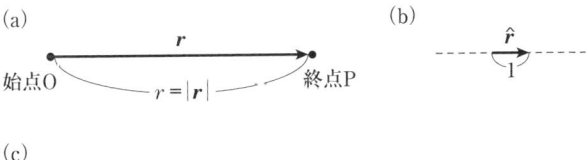

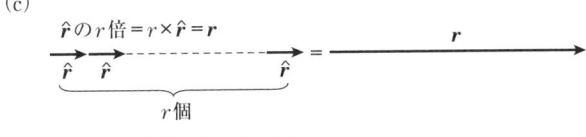

図 1.2 ベクトル
(a) 位置ベクトル $\bm{r}$
(b) r 方向の単位ベクトル $\hat{\bm{r}}$
(c) $\hat{\bm{r}}$ による $\bm{r}$ の表現

(付録の数学公式 A.1 を参照)．ベクトルの大きさは矢印の長さ，ベクトルの向きは矢印の向きで表す．いま，図 1.2(a) のように始点 O から終点 P へ向かう長さ r のベクトル $\bm{r}$ を考える．<u>このベクトル $\bm{r}$ は，図 1.2(b) のような，長さが 1 で $\bm{r}$ の向きをもったベクトル（これを $\hat{\bm{r}}$（アール・ハット）と表すことにする）を考えれば，図 1.2(c) のように $\hat{\bm{r}}$ の r 倍が $\bm{r}$ になるので，$\bm{r} = r\hat{\bm{r}} = \hat{\bm{r}}r$ で表現できる．</u>そして，長さが 1 のベクトルのことを**単位ベクトル**とよぶので，r 方向の向きを定める単位ベクトルは

$$\hat{\bm{r}} = \frac{\bm{r}}{r} \tag{1.5}$$

で定義できることになる．((1.5) より，$\hat{\bm{r}}$ の大きさは確かに $|\hat{\bm{r}}| = |\bm{r}|/r = r/r = 1$ であることが確かめられる．)

距離 r だけ離れた 2 つの電荷 q と q' の間には，(1.1) のクーロン力 $F(r)$ がはたらく．図 1.3 のように，原点 O にある q' から点 P の q にはたらくクー

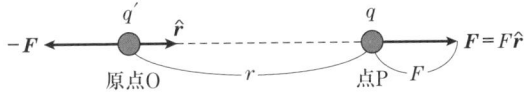

図 1.3 同符号の 2 つの電荷 q, q' に対するクーロン力 F

ロン力 $F(r)$ を，その向きまで含めて表現するには，向きを指定する（1.5）の単位ベクトル $\hat{r}$ を $F(r)$ に掛ければよい（$\hat{r}$ の F 倍がベクトル F になる）．つまり，クーロン力のベクトル表現 $F(r)$ は

$$F(r) = F(r)\hat{r} = \frac{1}{4\pi\varepsilon_0} \frac{qq'}{r^2} \hat{r} \tag{1.6}$$

である．単位ベクトル $\hat{r}$ を使わなければ，(1.5) より (1.6) は

$$F(r) = \frac{1}{4\pi\varepsilon_0} \frac{qq'}{r^3} r \tag{1.7}$$

のようになり，この場合には分母が r^3 になることに注意してほしい．ここで，$F(r)$ は $F(x, y, z)$ を簡潔に書いたものである．

なお，図 1.3 に示すように，当然，原点 O の電荷 q' にも点 P の電荷 q からの反作用による力（$-F$）がはたらいている．

クーロン力の重ね合わせの原理

図 1.4 のように，2 つの点電荷 $q_1 > 0$ と $q_2 < 0$ が，距離 r_1 と r_2 の場所にある点電荷 $q > 0$ に F_1 と F_2 の力をおよぼしているとしよう．このとき，q に作用する合力 F は，F_1 と F_2 のベクトルの和

$$F = F_1 + F_2 \tag{1.8}$$

になることが実験でわかっている．これを**クーロン力の重ね合わせの原理**という．

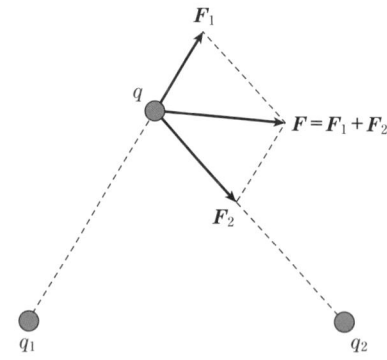

図 1.4 クーロン力 F_1 と F_2 の重ね合わせによる合力 F

(1.8) はもっと多くの点電荷が q の周りにあっても成り立つ．例えば，点電荷 q に対して N 個の点電荷 $q_1, q_2, \cdots, q_N$ がそれぞれ $F_1, F_2, \cdots, F_N$ の力をおよぼすと

$$F = F_1 + F_2 + \cdots + F_N \tag{1.9}$$

となる（演習問題 [1.2] を参照）．

1.2 電場と電気力線

図 1.3 のように，原点 O にある電荷 q' が点 P の電荷 q におよぼすクーロン力 F の伝わり方について少し考えてみよう．いま 2 つの電荷の距離 r が非常に小さい場合，q と q' との間のクーロン力は瞬間的に伝わる，と考えて何も困ることはないだろう．しかし，距離 r が非常に大きい場合，仮に q' を急に動かして力の大きさや向きを変化させたとき，この変化が一瞬で q に伝わるとは考えにくい．

1.2.1 電　場

場の考え方

力が 2 つの電荷の間を一瞬に伝わるという直接的なイメージには不自然さがあるので，力がもっと間接的に伝わる次のようなイメージを考えてみよう．

まず，電荷 q' が自分の周りに，ある種の電気的性質をもった特別な空間をつくる（ただし，このとき q' の周りに他の電荷が存在する必要はない）．次に，その空間の中に電荷 q を持ち込むと，q はこの空間を介してクーロン力を感じる．

力が特別な空間を介して間接的に伝わるというこのイメージを，(1.6) のクーロン力のベクトル表現で考えてみよう．(1.6) の電荷 q に着目すると，クーロン力 F は点 P にある電荷 q に比例していることがわかる．そこで，

q 以外の部分を E と表せば，(1.6) は

$$F(r) = qE(r) \tag{1.10}$$

のように書き換えることができる．

静電場

クーロン力 F を (1.10) のように表現すると，電荷 q にはたらく力は q がある場所でのベクトル量 E を介して生じる，というように解釈できるので，クーロン力が間接的に伝わるというイメージに合う．この E は，空間座標の関数で，空間のいたる所に特定の値をもつ．このように，空間内に特定の値をもって分布する物理量のことを**場**という．この E は静止した電荷がつくる場なので**静電場**というが，これを単に**電場**とよぶ場合も多い．

本書では，第 4 章で述べる誘導電場や時間変化する電場などと区別する必要があるときには静電場という術語を用いるが，それ以外では単に電場という表現を使うことにする．

(参考) 近接作用論

(1.10) の $F(r) = qE(r)$ は，電荷 q の受ける力 F が q のある点 P の電場 E で与えられる，ということを表している．ここで最も重要なことは，電場というものが実体として空間に存在するというアイデアである．このように，電場を介して力が伝わるという「場の考え方」は，イギリスの科学者ファラデーが 1830 年代に提唱したもので**近接作用論**とよばれる．この考え方は本質的なもので，今日では現代物理学の基礎を成す重要な概念になっている．

一方，力が直接的に一瞬で伝わるという考え方は**遠隔作用論**とよばれる．遠隔作用論は場の考え方とは相容れないが，具体的な現象や物理法則を理解しようとするときには有効である場合も多いことを強調しておきたい．

電場のベクトル表現

このようにして導入された電場 E は，(1.6) と (1.10) から

$$E(\boldsymbol{r}) = \frac{1}{4\pi\varepsilon_0}\frac{q'}{r^2}\hat{\boldsymbol{r}} = E(r)\hat{\boldsymbol{r}} \qquad \text{ただし,} \quad E(r) = \frac{1}{4\pi\varepsilon_0}\frac{q'}{r^2}$$
(1.11)

で表される．(1.10) で $q = 1\,\mathrm{C}$ (**単位正電荷**という) とおけば $E = F$ なので，電場とは 1 C の電荷にはたらくクーロン力である (あるいは，$\boldsymbol{E} = \boldsymbol{F}/q$ の形から電荷当たりのクーロン力である) ことがわかる．

実際に，帯電している物体の電場 $\boldsymbol{E}$ を決めるときには，テスト電荷 q_0 というものを使って，電場の力 $\boldsymbol{F}$ を測定して

$$E(\boldsymbol{r}) = \frac{\boldsymbol{F}(\boldsymbol{r})}{q_0}$$
(1.12)

から求める．**テスト電荷**というのは，自分自身のつくる電場が周りに影響を与えない，理想的な微小な正電荷のことである．なお，1 C の電荷は，実は落雷のもつ電気量と同程度の大きさなので，テスト電荷には成り得ないことを注意しておく ([例題 1.1] を参照).

電場の単位 N/C = V/m　　電場の定義式 (1.12) の右辺は，分子が力 (N) で分母が電荷 (C) だから，電場の単位は N/C である．しかし，後で解説する電位の単位であるボルト (V) の V = N・m/C を使って，電場の単位を V/m とする方が一般的である．

電場の重ね合わせの原理

クーロン力の重ね合わせの原理 (1.9) の右辺に $\boldsymbol{F}_i = q\boldsymbol{E}_i$ ($i = 1, 2, \cdots, N$) を代入すると，(1.9) は $\boldsymbol{F} = q\boldsymbol{E}_1 + q\boldsymbol{E}_2 + \cdots + q\boldsymbol{E}_N$ となる．したがって，q にはたらくクーロン力 $\boldsymbol{F}$ を $\boldsymbol{F} = q\boldsymbol{E}$ で表せば，電場に対しても

$$\boldsymbol{E} = \boldsymbol{E}_1 + \boldsymbol{E}_2 + \cdots + \boldsymbol{E}_N$$
(1.13)

のように，重ね合わせの原理が成り立つ．

[例題1.2] クーロン力の電場

図1.5のように，x軸の点 $A(x_1, 0)$ と点 $B(x_2, 0)$ に点電荷 $q_1 > 0$ と $q_2 < 0$ がある．

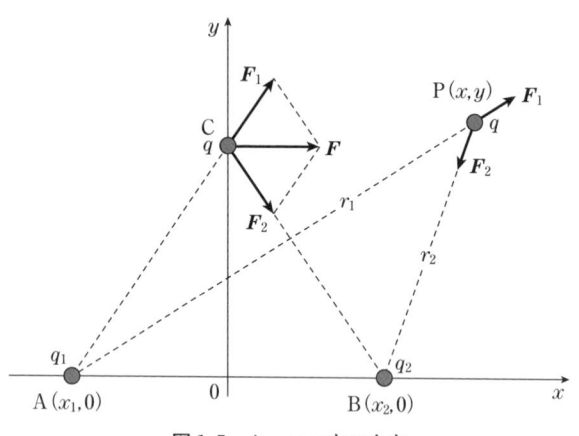

図1.5 クーロン力の合力

（1） q_1 と q_2 から r_1 と r_2 の距離の点 $P(x, y)$ にある点電荷 $q > 0$ にはたらく電場の大きさ E_1 と E_2 を求めなさい．

（2） $x_1 = -1$ m，$x_2 = 1$ m として点 P の座標値を $(0, \sqrt{3})$ とすれば，q は正三角形の頂点 C になる．電荷の値を $q_1 = 1\,\mu C$，$q_2 = -1\,\mu C$，$q = 4\,\mu C$ として，電場 E の向きと大きさ E を求めなさい．ただし，$1/4\pi\varepsilon_0 = 9 \times 10^9$ N·m^2/C^2 とする．

[解] （1） 点 $A(x_1, 0)$ の点電荷 q_1 が点 $P(x, y)$ にある点電荷 q におよぼすクーロン力の大きさ F_1 は，(1.1) から $F_1 = (1/4\pi\varepsilon_0)(|q_1 q|/r_1^2)$ であるから，電場は $E_1 = F_1/q = (1/4\pi\varepsilon_0)(|q_1|/r_1^2)$ となる．ただし，$r_1 = \sqrt{(x-x_1)^2 + y^2}$ である．同様に，点 $B(x_2, 0)$ の点電荷 q_2 が点電荷 q におよぼすクーロン力の大きさ F_2 は $F_2 = (1/4\pi\varepsilon_0)(|q_2 q|/r_2^2)$ であるから，電場は $E_2 = F_2/q = (1/4\pi\varepsilon_0)(|q_2|/r_2^2)$ となる．ただし，$r_2 = \sqrt{(x-x_2)^2 + y^2}$ である．

（2） 図1.5に示すように，2つのクーロン力 F_1 と F_2 の合力 F は (1.8) のベク

トル和だから，合力の向きは x 軸に平行で右向きである．電場は $E = F/q$ であるから，F と同じ向きとなる．

いま，F_1 と F_2 の x 軸に平行な成分をそれぞれ F_{1x} と F_{2x} とすれば，これらは同じ大きさで，$F_{2x} = F_{1x} = F_1 \cos(\pi/3) = F_1/2$ だから，合力の大きさ F は $F = F_{1x} + F_{2x} = F_1$ となる．距離 r_1 と r_2 は $x_2 = -x_1 = 1$ m より $r_1 = r_2 = 2$ m である．したがって，電場の大きさ E は $E = F/q = F_1/q = (1/4\pi\varepsilon_0)(|q_1|/r_1^2) = (9 \times 10^9) \times (1 \times 10^{-6}/2^2) = 2.25 \times 10^3$ N/C となる（演習問題 [1.3] を参照）．

1.2.2 電気力線

電場の存在する空間では，クーロン力がはたらく．この空間に微小な正の電荷を置けば，電荷は電場から力を受けて動く．この電荷の動きに沿って線を引けば，空間に 1 本の線が描ける．**電気力線**とは，この線に電荷の動く方向の矢印を付けたもので，電気力線の接線はその点における電場の向きを表す．

電気力線の具体例

図 1.6(a) のように，正の点電荷 q による電気力線は，q を中心にして放射

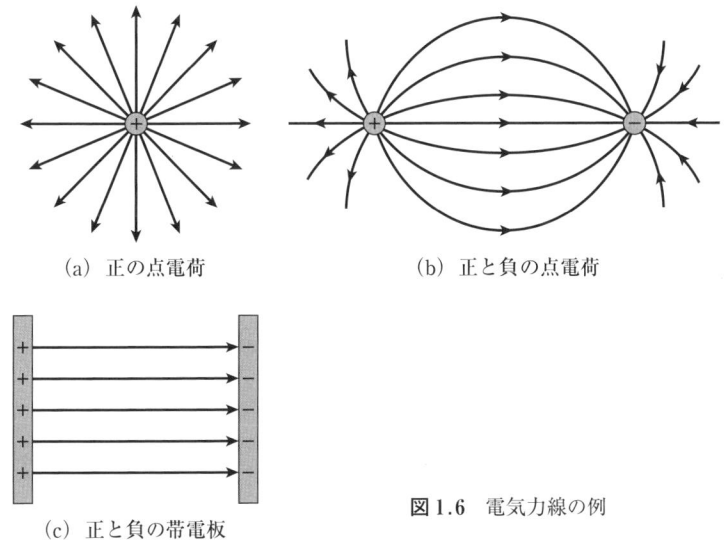

(a) 正の点電荷　　(b) 正と負の点電荷

(c) 正と負の帯電板　　**図 1.6** 電気力線の例

状に空間全体に広がる．図1.6(b)のように，異符号の電荷の間では，電気力線は正電荷から出て負電荷に終わる．また図1.6(c)のように，平行な2枚の異符号の帯電板（例えば，1.7.2項で述べる平行板コンデンサーの極板）の間には，一様で平行な電気力線が生じる．

電気力線の性質

以上の具体例から，電気力線は次のような性質をもつことがわかる．

(1) 電気力線は正電荷から始まり，負電荷で終わる．あるいは，無限遠点に始点や終点がある場合もある．

(2) 電気力線は交差しない．ただし，電荷の存在する点と電場がゼロの場所では交差してもよい．

(3) 電気力線の数は，その源の電荷の大きさ（したがって，電場の大きさ）に比例する．

この3番目の性質から，電気力線の数と電場の大きさを結び付ける電束という量が定義できることを次節で述べる．

1.3 電束と面積分

1.3.1 電 束

図1.7(a)のように，一様な電場 E の中に平面Sを垂直に置く．**一様な電場とは，向きがそろって，大きさも同じで，均一に分布している電場**，という意味である．電場に垂直な単位面積（$A=1$）の平面を通る電気力線の数は，電場の大きさ E に単位面積を掛けたものであると定義すると，図1.7(a)の平面S（面積 A）を通る電気力線の数（Φ_E で表す）は

$$\boxed{\Phi_E = EA} \tag{1.14}$$

である．この Φ_E を本書では**電束**とよぶことにする（$\varepsilon_0 \Phi_E$ を電束とよぶ場合もある）．このとき，$A=1$ の $\Phi_E = E$ が電束密度になる．

1.3 電束と面積分

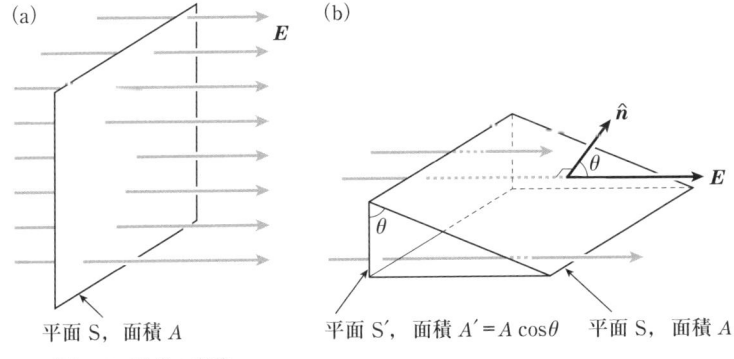

図 1.7 電束の定義
(a) 一様な電場に垂直な平面Sを通過する電気力線
(b) 一様な電場に対して角度 θ を成す平面Sを通過する電気力線

図 1.7(b) のように平面Sが傾いているときは，平面Sを通過する電束は (1.14) より小さくなる．いま，面の法線（面に立てた垂線）方向を指定するために，面に長さ1の単位ベクトルを立てる．このベクトルを**単位法線ベクトル**とよび，$\hat{n}$（エヌ・ハットと読む）で表す．この $\hat{n}$ と電場 E の成す角を θ とすれば，平面S'の面積 A' と A の間には $A' = A\cos\theta$ の関係が成り立つ．ただし，平面S'は平面Sを電場 E に垂直な面上に射影したものである．図 1.7(b) からわかるように，平面Sを通過する電束 Φ_E は平面S'を通過する電束 EA' に等しいから，この場合の電束 Φ_E は (1.14) の定義から

$$\Phi_E = EA' = EA\cos\theta \tag{1.15}$$

である．

ところで，電場 E と単位法線ベクトル $\hat{n}$ の**スカラー積**（**内積**ともいう）$E\cdot\hat{n}$ は，図 1.8 からわかるように

$$E\cdot\hat{n} = |E||\hat{n}|\cos\theta = E\cos\theta = E_n \tag{1.16}$$

である（$|\hat{n}| = 1$）．添字 n は法線方向を意味する normal の頭文字である．(1.16) を使って (1.15) を書き直せば，電束は

$$\boxed{\Phi_E = EA\cos\theta = E_n A = E\cdot\hat{n}A} \tag{1.17}$$

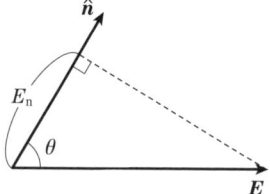

図1.8 電場と単位法線ベクトルのスカラー積

となる.

ここで,（1.17）の $\hat{n}A$ を1つのベクトルと見なせば,平面Sに対して

$$\boxed{面積ベクトル = \hat{n}A = A\hat{n}} \tag{1.18}$$

という量が定義できる.この**面積ベクトル**は,図1.9に示すように,大きさが面積 A で,正の向きが $\hat{n}$ のベクトルである.これを使うと,Φ_E は電場と面積ベクトルのスカラー積で表されることになる.

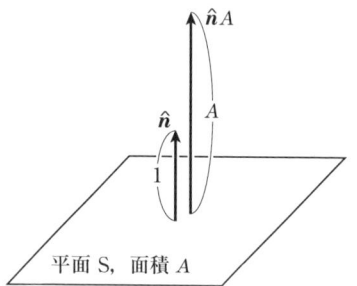

図1.9 面積ベクトルの定義

電束の符号

（1.15）の角 θ が鋭角（$0 \leq \theta < \pi/2$）ならば $\cos\theta > 0$ なので,電束は正の値をとる（$\Phi_E > 0$）.角 θ が鈍角（$\pi/2 < \theta \leq \pi$）ならば $\cos\theta < 0$ なので,電束は負の値をとる（$\Phi_E < 0$）.角 θ が直角ならば電束はゼロである.

ところで,面には表と裏があるので,$\hat{n}$ を立てた面がどちらであるかが曖昧になる.そこで,$\hat{n}$ を立てた面を表側と決める.このように決めれば,電束が正になるのは E が面の裏から表に通り抜けるときである.反対に,E が面

の表から裏に通り抜けるとき，電束は負になる．

電束の単位 N·m²/C = V·m 電束の定義式 (1.14) の右辺は，電場 (N/C) と面積 (m²) の積だから，電束の単位は N·m²/C である．あるいは電場の単位として V/m を使えば，電束の単位は V·m である．

[例題 1.3] 電束の計算

平面 S が，図 1.7(b) のように，一様な電場 E の中に置かれている．$\theta = \pi/3$ のときに，この平面の面積を $A = 20 \text{ cm}^2$，電場の大きさを $E = 4.0 \times 10^3 \text{ N/C}$ として，平面を貫く電束 Φ_E を求めなさい．

[解] (1.15) の $\Phi_E = EA\cos\theta$ に数値を代入すれば，電束の値は $\Phi_E = EA\cos\theta = (4.0 \times 10^3) \times (20 \times 10^{-4}) \times \cos(\pi/3) = 8 \times 0.5 = 4 \text{ N·m}^2/\text{C}$ となる．

1.3.2 電場の面積分

一般に，電場は一様ではなく，面 S も平面とは限らないから，電束は (1.17) から単純に計算することはできない．このような場合は，<u>面 S を細かく分割し，微小な平面の集合体に近似してから，その微小平面に対して (1.17) を適用する</u>．この微小平面のことを**面積要素**という．

面積分の定義

図 1.10 のように，面 S の面積要素に番号を付け，i 番目の面積要素の面積を Δa_i とする．そして，Δa_i での単位法線ベクトルを $\hat{\boldsymbol{n}}_i$，電場を $\boldsymbol{E}_i$，電場の法線方向の成分を $E_{in} = \boldsymbol{E}_i \cdot \hat{\boldsymbol{n}}_i$ とする．Δa_i 上では $\hat{\boldsymbol{n}}_i$ も $\boldsymbol{E}_i$ も一定であると見なせるから，i 番目の面積要素を通る電束 $\Delta\Phi_{E_i}$ は (1.17) より

$$\Delta\Phi_{E_i} = E_{in}\Delta a_i = \boldsymbol{E}_i \cdot \hat{\boldsymbol{n}}_i \Delta a_i \tag{1.19}$$

である．したがって，面 S を通過する全電束は，$\Delta\Phi_{E_i}$ の総和

$$\Phi_E = \sum_{i=1}^{N} \Delta\Phi_{E_i} = \sum_{i=1}^{N} E_{in}\Delta a_i = \sum_{i=1}^{N} \boldsymbol{E}_i \cdot \hat{\boldsymbol{n}}_i \Delta a_i \tag{1.20}$$

で近似できる．この総和は，$\Delta a_i \to 0$ と $N \to \infty$ の極限をとると

16　　　　　　　　第1章　電荷による電場

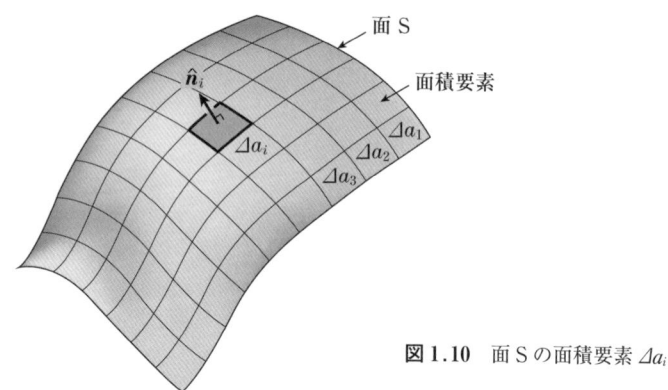

図1.10　面Sの面積要素 Δa_i

$$\Phi_E = \int_S E_n \, da = \int_S \boldsymbol{E}(\boldsymbol{r}) \cdot \hat{\boldsymbol{n}} \, da \tag{1.21}$$

のように，積分で表すことができる．この積分をベクトル E の**面積分**という．

　面積分（1.21）を計算する面Sが，風船のような境界のない**閉曲面**の場合には，閉曲面であることを明示するために

$$\Phi_E = \oint_S E_n \, da = \oint_S \boldsymbol{E}(\boldsymbol{r}) \cdot \hat{\boldsymbol{n}} \, da \tag{1.22}$$

のように，積分記号に○印を付ける．なお，慣習として，閉曲面の単位法線ベクトル $\hat{\boldsymbol{n}}$ は外向き（面から離れていく方向）にとるので，外側が表になる．

［例題1.4］球面内にある点電荷の全電束

　図1.11のように，球面の中心に置いた正電荷 q から電気力線が放射状に出ているとき，半径 r の球面 S_0 を通る全電束 Φ_E は

$$\Phi_E = \frac{q}{\varepsilon_0} \tag{1.23}$$

である．

（1）電束を面積分で表した式(1.22)を使って，(1.23)を導きなさい．
（2）$q = 1\,\mathrm{C}$ のときの Φ_E を計算しなさい．ただし，$\varepsilon_0 = 9 \times 10^{-12}$ $\mathrm{C}^2/(\mathrm{N} \cdot \mathrm{m}^2)$ とする．

1.3 電束と面積分

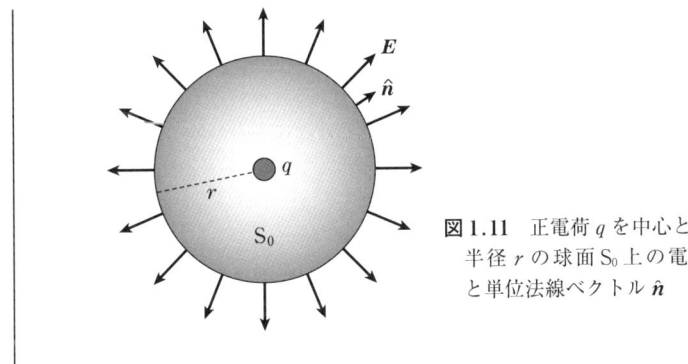

図 1.11 正電荷 q を中心とする半径 r の球面 S_0 上の電場 E と単位法線ベクトル $\hat{n}$

[解] (1) 図 1.11 のように,半径 r の球面 S_0 上の電場 E は球面に垂直で,単位法線ベクトル $\hat{n}$ と平行 ($\theta = 0$) なので,$E_n = \boldsymbol{E} \cdot \hat{\boldsymbol{n}} = E\cos 0 = E$ より $E_n\,da = E\,da$ である.電場 E は (1.11) より $E(r) = q/4\pi\varepsilon_0 r^2$ だから,(1.22) は

$$\Phi_E = \oint_{S_0} E\,da = E(r)\oint_{S_0} da = \frac{q}{4\pi\varepsilon_0 r^2}\oint_{S_0} da \tag{1.24}$$

である.ここで,2 番目の式の $E(r)$ は半径 r の球面 S_0 上で一定であるから,積分の外に出した.残りの面積分は球の表面積

$$\oint_{S_0} da = 4\pi r^2 \tag{1.25}$$

であるから,(1.24) は (1.23) になる.

(2) (1.23) に $q = 1\,\mathrm{C}$ を代入すれば $\Phi_E = q/\varepsilon_0 = 1/(9\times 10^{-12}) = 1.0 \times 10^{11}$ N・m²/C となる.つまり,電荷 1 C の電気力線は 10^{11} 本という莫大な数であることがわかる.

ここで,(1.23) のもつ意味を少し考えてみよう.$\Phi_E = q/\varepsilon_0$ という結果は,図 1.11 の球面 S_0 の中に電荷 q が存在するという条件から得られた.この結果には球面の半径が含まれていない(半径 r に依存しない)ので,(1.23) はどのような大きさの球面でも成り立つことを意味する.また,電気力線は正と負の電荷をつなぐ連続した線なので,その途中に別の電荷がなければ途中で消えたりはしない(12 頁の電気力線の性質 (2)).そのため,球面 S_0 を図

第1章 電荷による電場

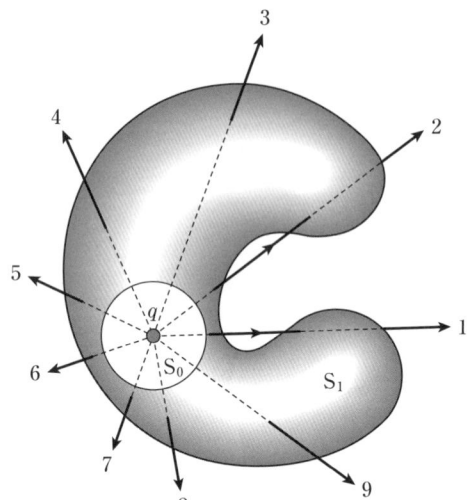

図 1.12 正電荷 q を囲む閉曲面 S_1 と 9 本の電気力線

1.12 の閉曲面 S_1 のように変形しても，電気力線の数（電束）は変わらないから（図には9本の電気力線を描いている），(1.23) はどのような形状の閉曲面でも成り立つことが予想される．実際，この予想は正しく，これを一般的に表現したものが，次に述べる電場のガウスの法則である．

1.4 電場のガウスの法則

クーロンの法則から導かれる，静電場に対するこの法則は，電磁気学の理論の基礎である**マクスウェル方程式**（4つの式から構成されている）とよばれる4つの基本法則の一部になる重要なものである（第5章を参照）．

電場のガウスの法則

任意の閉曲面 S を通る全電束 Φ_E は，閉曲面 S の内部に含まれる全電荷を真空の誘電率 ε_0 で割ったものに等しい．

閉曲面 S を通る全電束 Φ_E の意味は

$\Phi_E =$「面 S から出る電気力線の数」$-$「面 S に入る電気力線の数」
(1.26)

であるから，面 S 内の全電荷（電荷の総量）を Q とすると，この法則は

$$\boxed{\Phi_E = \frac{Q}{\varepsilon_0}} \tag{1.27}$$

で表現される．あるいは，(1.27) の Φ_E を (1.22) の面積分で表せば，この法則は

$$\boxed{\oint_S E_n\, da = \oint_S \boldsymbol{E}(\boldsymbol{r})\cdot\hat{\boldsymbol{n}}\, da = \frac{Q}{\varepsilon_0}} \tag{1.28}$$

となる．なお，この法則の導出は付録 B で述べる．

1.4.1 電束の計算法

ガウスの法則の直観的なイメージ

(1.27) が述べていることは，図 1.13 のように 2 つの電荷（q と $-q$）を囲む閉曲面 $S_1 \sim S_4$ を考えれば直観的にわかる．

まず S_1 の場合は，面内の電荷は q だけなので，(1.27) は $Q = q$ より $\Phi_E = q/\varepsilon_0$ である．同様に，S_2 の場合も面内の電荷は $-q$ だけなので，$Q = -q$ より $\Phi_E = -q/\varepsilon_0$ である．一方，S_3 の場合は面内に電荷はなく（$Q = 0$），面の一部から入ってきた電気力線が他の部分から出ていくので $\Phi_E = 0$ である．また，S_4 の場合は面内に電荷が 2 個あるが，それらの和はゼロであるから，$Q = q + (-q) = 0$ より $\Phi_E = 0$ である．ここで，<u>S_4 のように面内に電荷があっても，電荷の総和がゼロであれば $\Phi_E = 0$ となることに注意してほしい</u>．

複数個の電荷が空間に離散的に存在するとき，任意の形の閉曲面を通る電束の値を (1.27) から具体的に求めてみよう．

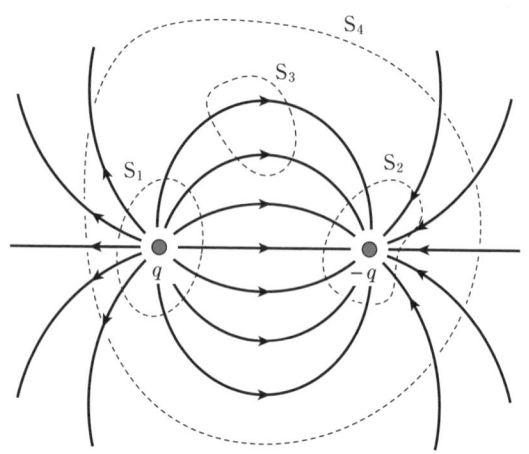

図 1.13 電場のガウスの法則の例

[例題 1.5] 複数の電荷による電束

図 1.14 のように 7 個の点電荷のうち 5 個が立方体の面内に, 2 個が面外にある. 面を通る全電束 Φ_E を $q_1 = 2$, $q_2 = -1$, $q_3 = 5$, $q_4 = -8$, $q_5 = 20$, $q_6 = 8$, $q_7 = -20$ として求めなさい (電荷の単位はナノクーロン nC(10^{-9} C)). ただし, $\varepsilon_0 = 9 \times 10^{-12}$ C^2/(N·m^2) とする.

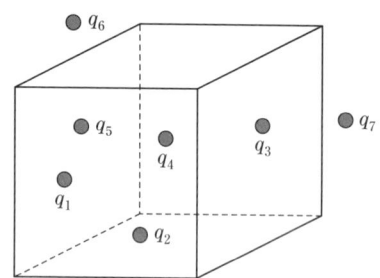

図 1.14 複数の点電荷による電束

[解] 立方体の面の内部にある総電荷 Q は, 5 個の電荷の和 $Q = q_1 + q_2 + q_3 + q_4 + q_5 = 18$ nC なので, (1.27) から電束は $\Phi_E = Q/\varepsilon_0 = (18 \times 10^{-9})/(9 \times 10^{-12}) = 2 \times 10^3 = 2000$ N·m^2/C となる. 電束の値は正だから, 電気力線は閉曲面

の内部から外部に出ていることになる（1.3.1項の「電束の符号」を参照）．なお，q_6 と q_7 による電束は，面外から面内に入り，再び面外に出ていくから Φ_E には寄与しない（演習問題 [1.4] を参照）．

1.4.2 電場の計算法

電荷が閉曲面内に連続的に分布しているとき，その電荷がつくる電場を (1.28) から求めてみよう．ところで，<u>電場 E はベクトル量なので，一般に3つの成分（例えば E_x, E_y, E_z）をもっている．このため，電場 E を求めるためには式が3つついる．しかし，(1.28) は式としては1つなので，これだけでは無理である．そのため，この法則で電場を求めようとすると，電荷分布に何らかの条件が必要になる．</u> その条件が，電荷分布に対する**対称性**である．

この対称性を使って，次の2つの条件を満たす特別な閉曲面をつくれば電場を求めることができる．

1. 面上で $E_n = 0$ か $E_n = E$ となり，$E_n\,da = 0$ か $E_n\,da = E\,da$ にできる．
2. 面上の E が一定となり，E を面積分の外に出すことができる．

この特別な閉曲面のことを**ガウス面**という．例題を解きながら，ガウス面のつくり方を理解しよう．

（1） 導体球殻の場合

図 1.15 のように，半径 a の導体球の内部を，表面ぎりぎりまでくりぬいた導体球（これを導体球殻という）がある．導体球殻 S の表面に電荷 Q が一様に分布している．このとき，球の中心から r だけ離れた点での電場 E は，導体球殻の外部（$r > a$）と内部（$r < a$）でそれぞれ

$$E(r) = \frac{Q}{4\pi\varepsilon_0 r^2} \qquad (r > a) \tag{1.29}$$

$$E(r) = 0 \qquad (r < a) \tag{1.30}$$

のように与えられる．

第1章 電荷による電場

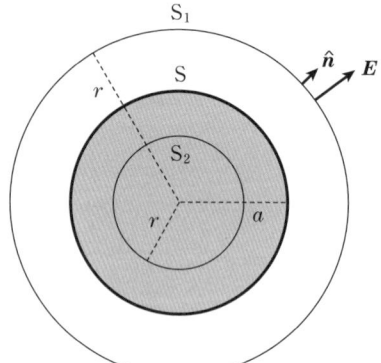

図1.15 半径 a の導体球殻 S とガウス面上の電場 E

［例題1.6］導体球殻上の電荷がつくる電場

（1）（1.29）と（1.30）をガウスの法則（1.28）から導きなさい．

（2）$Q = 9\,\mu\mathrm{C}$ で $a = 0.1\,\mathrm{m}$ として，(a) $r = 0.5\,\mathrm{m}$ と (b) $r = 0.05\,\mathrm{m}$ での電場 E を計算しなさい．ただし，$1/4\pi\varepsilon_0 = 9 \times 10^9\,\mathrm{N\cdot m^2/C^2}$ とする．

［解］（1）球対称な電荷分布だから，ガウス面は球殻 S と同じ中心をもつ球面にすればよい．まず，導体球殻 S の外部（$r > a$）の電場を求めるために，図1.15に示すような半径 r（$> a$）のガウス面 S_1 を考える．電場 $E(r)$ は放射状で球面 S_1 に垂直で，単位法線ベクトル $\hat{n}$ と平行（$\theta = 0$）なので，$E_n = E\cos 0 = E$ より $E_n\,da = E\,da$ である．

一方，ガウス面 S_1 の内部の全電荷は Q だから，電場のガウスの法則（1.28）は

$$\oint_{S_1} E_n\,da = \oint_{S_1} E\,da = E\oint_{S_1} da = \frac{Q}{\varepsilon_0} \tag{1.31}$$

となる．ここで，E は S_1 上で一定だから，2番目の式から3番目の式に移るときに積分の外に出した．3番目の式の面積分は球の表面積なので，（1.25）と同じ $4\pi r^2$ である．したがって，（1.31）は $4\pi r^2 E = Q/\varepsilon_0$ となるので，（1.29）が導かれる．

次に，導体球殻 S の内部（$r < a$）の電場を求めるために，半径 r（$< a$）のガウス面 S_2 を考える．この場合は，（1.31）の S_1 を S_2 に変え，全電荷 Q を S_2 内の全電荷（これを Q' とする）に変えれば，後は全く同じ計算なので，ガウス面 S_2 上の電場は

1.4 電場のガウスの法則

$$E(r) = \frac{Q'}{4\pi\varepsilon_0 r^2} \qquad (r < a) \tag{1.32}$$

で与えられる．球殻内部は $Q' = 0$ だから (1.30) となる（演習問題 [1.5] を参照）．
（2） $Q = 9\,\mu C$，$1/4\pi\varepsilon_0 = 9 \times 10^9\,\mathrm{N \cdot m^2/C^2}$ なので，(a) $r = 0.5\,\mathrm{m}$ のとき，(1.29) より $E = (1/4\pi\varepsilon_0)(Q/r^2) = (9 \times 10^9) \times (9 \times 10^{-6}/0.5^2) = 3.24 \times 10^5\,\mathrm{N/C}$ である．(b) $r = 0.05\,\mathrm{m}$ の場合は $r < a$ なので，(1.30) より $E = 0$ である．

(1.29) の結果は，帯電球の外側の電場は，電荷 Q の点電荷が球の中心に存在する場合の電場と等しいことを示している．

また，(1.29) から，球殻表面（$r = a$）の電場は

$$E = \frac{Q}{4\pi\varepsilon_0 a^2} = \frac{Q/4\pi a^2}{\varepsilon_0} = \frac{\sigma}{\varepsilon_0} \qquad (r = a) \tag{1.33}$$

になることがわかる．ここで，$\sigma = Q/4\pi a^2$ は**面電荷密度**（単位面積当たりの正電荷）とよばれている．なお，このように表現された (1.33) は，1.7.1 項で述べる「導体」の性質 (3) の具体例になることを注意しておこう．

（2） 平面の場合

絶縁体でつくった無限に広くて，薄い平面（絶縁体シート）上に，面電荷密度 σ の正電荷が一様に分布している．このとき，この平面がつくる電場は

$$\boxed{E = \frac{\sigma}{2\varepsilon_0}} \tag{1.34}$$

で与えられる．

― [例題 1.7] 一様に帯電した平面がつくる電場 ―――――――――

（1） (1.34) をガウスの法則 (1.28) から導きなさい．

（2） 絶縁体シートの中央で電荷を測ると，$\sigma = 18\,\mu\mathrm{C/m^2}$ であった．このシートの表面の近くの電場の大きさ E を求めなさい．ただし，$\varepsilon_0 = 9 \times 10^{-12}\,\mathrm{C^2/(N \cdot m^2)}$ とする．

[解]（1） 電荷は一様に分布しているので，対称性を考えると，電場はこの平

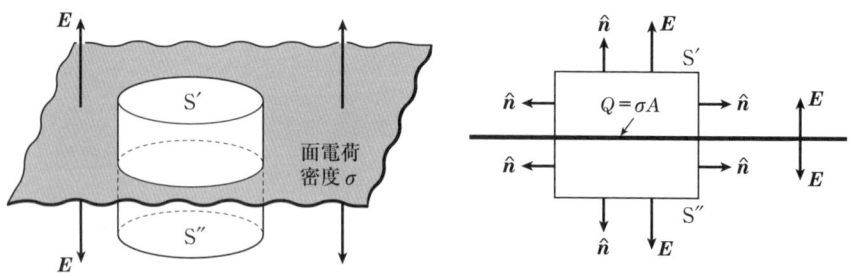

(a) 円筒形のガウス面 S　　　　　(b) 真横から見たガウス面 S

図1.16 一様に帯電した平面の電場

面に垂直で外向きに出ていることがわかる．したがって，ガウス面 S は，図1.16(a) のように平面を挟んだ垂直な円筒にすればよい（この円筒を側面部分と 2 つの底面 S′ と S″ に分けて考える）．図1.16(b) のように，円筒側面の単位法線ベクトル $\hat{n}$ は電場 E と直交（$\theta = \pi/2$）するから，$E_n = E\cos(\pi/2) = 0$ より側面の電束はゼロである．

円筒の底面 S′（面積 A）では，E と $\hat{n}$ は平行で同じ向き（$\theta = 0$）なので $E_n = E$ である．また，底面 S″ でも E と $\hat{n}$ は同方向だから，$E_n = E$ である．したがって，円筒内部の電荷を Q とすれば，(1.28) は

$$\oint_S E_n\,da = \int_{S'} E_n\,da + \int_{S''} E_n\,da = 2E\int_{S'} da = 2EA = \frac{Q}{\varepsilon_0} \qquad (1.35)$$

となる．$Q = A\sigma$ であるから，(1.35) は $2EA = A\sigma/\varepsilon_0$ となり，(1.34) が導かれる．

（2）　$\sigma = 18\,\mu\mathrm{C/m^2}$ を (1.34) に代入すれば，電場 E は $E = \sigma/2\varepsilon_0 = 18\times 10^{-6}/(2\times 9\times 10^{-12}) = 1\times 10^6\,\mathrm{N/C}$ となる．

ところで，(1.34) の結果は，電場の大きさが無限に広い平面からの距離に関係なく，空間のいたる所で一定であることを示している．もちろん，現実には無限平面は存在しないから，(1.34) は平面の大きさに比べて，電荷までの距離が十分に小さいときに成り立つ式であることに注意すべきである．

1.5 電位

1.5.1 仕事と線積分

力学で学ぶように，重力に逆らいながら物体を持ち上げる仕事をすれば，物体は力学的な位置エネルギーを得る．これと同様に，クーロン力に逆らいながら電荷を動かせば，電荷はその仕事に見合っただけの電気的な位置エネルギーを得る．電位というのは，このような仕事や位置エネルギーから定義される量なので，まずは仕事の説明から始めよう．仕事という言葉は日常語としてもよく使われるが，物理学では次のように定義する．

仕事の定義

図 1.17 (a) のように，一定の大きさの力 F で，力と同じ向きにまっすぐ物体を距離 l だけ動かしたとき，力がした**仕事** W を力と移動距離との積

$$W = Fl \tag{1.36}$$

で定義する．力の向きと移動の方向が一致していない場合には，図 1.17(b) のように，力 F の移動方向の成分 $F_\mathrm{t} = F\cos\theta$ と移動距離 l の積

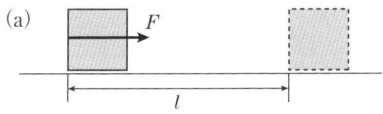
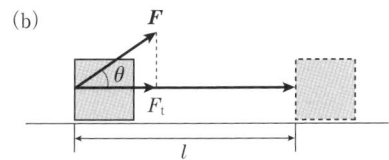
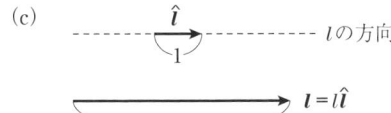

図 1.17 仕事の定義
(a) 力と変位の向きが同じ場合
(b) 力と変位の向きが異なる場合
(c) 変位方向の単位ベクトル $\hat{l}$ と変位ベクトル l

$$W = F_\mathrm{t} l = Fl\cos\theta \tag{1.37}$$

が仕事になる．ここで，θ は F と移動方向の成す角であり，添字 t は接線方向を意味する tangential の頭文字である．

図 1.17(c) のように，l の方向を表す単位ベクトルを $\hat{l}$（エル・ハットと読む）として，移動距離 l を大きさにもつ変位ベクトル（出発点を始点とし，到達点を終点とするベクトル）を $\boldsymbol{l} = l\hat{\boldsymbol{l}} = \hat{\boldsymbol{l}}l$ で定義すれば，(1.37) は $\boldsymbol{F}$ と $\boldsymbol{l}$ のスカラー積を使って

$$\boxed{W = Fl\cos\theta = \boldsymbol{F}\cdot\boldsymbol{l} = \boldsymbol{F}\cdot\hat{\boldsymbol{l}}\,l = F_\mathrm{t} l} \tag{1.38}$$

のように表せる．ここで $F_\mathrm{t} = \boldsymbol{F}\cdot\hat{\boldsymbol{l}} = F\cos\theta$ である．

仕事の単位 J = N·m　　仕事の定義式 (1.36) の右辺は力（N）と距離（m）の積だから，仕事の単位は N·m である．これをジュール（J）とよび，1 J = 1 N·m である．つまり，1 J とは 1 N の力が 1 m だけ物体を動かすときの仕事である．

線積分の定義

一般に，力は一定ではなく，動かす経路も直線とは限らないから，力の向きと経路の成す角度 θ も変わる．そのため，仕事を (1.38) から単純に計算することはできない．このような場合は，<u>経路を細かく分割し，微小な線分の集合体に近似してから，その微小線分に対して (1.38) を適用する</u>．この微小線分のことを**線素**という．

図 1.18(a) のように，経路 C の線素に番号を付ける．そして図 1.18(b) のように，i 番目の線素の長さを Δl_i（デルタ・エルアイと読む），移動方向の単位ベクトルを $\hat{\boldsymbol{l}}_i$（エルアイ・ハットと読む），そこでの力を $\boldsymbol{F}_i$，力の移動方向の成分を $F_{i\mathrm{t}} = \boldsymbol{F}_i\cdot\hat{\boldsymbol{l}}_i$ とする．線素 Δl_i 上で $\hat{\boldsymbol{l}}_i$ も $\boldsymbol{F}_i$ も一定であると見なせるから，$\Delta \boldsymbol{l}_i = \hat{\boldsymbol{l}}_i \Delta l_i$ を用いて i 番目の線素での仕事 ΔW_i は，(1.38) から

$$\Delta W_i = F_{i\mathrm{t}}\Delta l_i = \boldsymbol{F}_i\cdot\hat{\boldsymbol{l}}_i\,\Delta l_i = \boldsymbol{F}_i\cdot\Delta\boldsymbol{l}_i \tag{1.39}$$

となる．したがって，経路全体にわたって力 $\boldsymbol{F}$ がする仕事は，ΔW_i の総和

1.5 電位

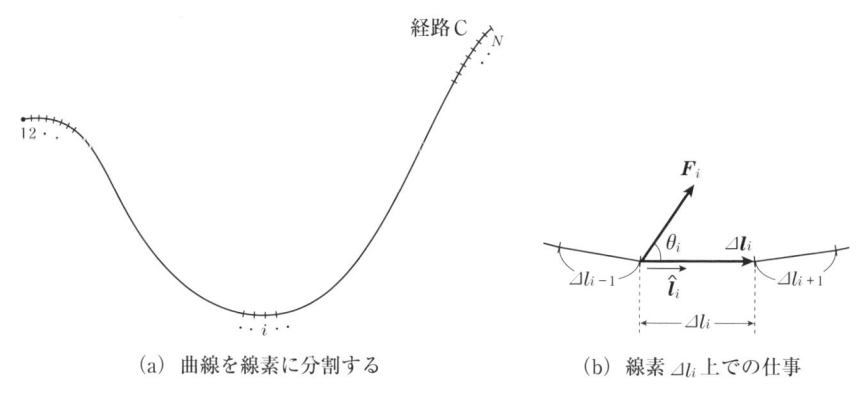

(a) 曲線を線素に分割する　　(b) 線素 Δl_i 上での仕事

図 1.18 曲線上での仕事の定義

$$W = \sum_{i=1}^{N} F_{i\text{t}}\, \Delta l_i = \sum_{i=1}^{N} \boldsymbol{F}_i \cdot \Delta \boldsymbol{l}_i \tag{1.40}$$

で近似できる．この総和は，$\Delta l_i \to 0$ と $N \to \infty$ の極限をとると

$$\boxed{W = \int_C F_{\text{t}}\, dl = \int_C \boldsymbol{F} \cdot d\boldsymbol{l}} \tag{1.41}$$

のように，積分で表すことができる．この積分を経路 C 上でのベクトル場 $\boldsymbol{F}$ の**線積分**あるいは**経路積分**という．

電場内の仕事と位置エネルギー

電場 $\boldsymbol{E}$ の中にある電荷 q は，$\boldsymbol{F} = q\boldsymbol{E}$ のクーロン力を受ける．いま，図 1.19 のように，電荷 q に $\boldsymbol{F}$ と反対向きの外力 $\boldsymbol{F}'$ を加えて，電荷 q を基準点 S（この座標を $\boldsymbol{r}_0$ とする）から点 P（この座標を $\boldsymbol{r}$ とする）まで経路 C に沿ってゆっくり動かす．つまり，電荷 q の運動量の変化を無視できるくらい静かに動かす（これを**準静過程**という）．このとき外力 $\boldsymbol{F}'$ は $\boldsymbol{F}$ よりほんのわずかだけ大きければよいので，$\boldsymbol{F}' \approx -\boldsymbol{F}$ と考えてよい．すなわち，$\boldsymbol{F}' = -q\boldsymbol{E}$ である．

したがって，外力 $\boldsymbol{F}'$ が電荷にする仕事を $W_{\text{S} \to \text{P}}$ とすると，この仕事は，(1.41) を使って

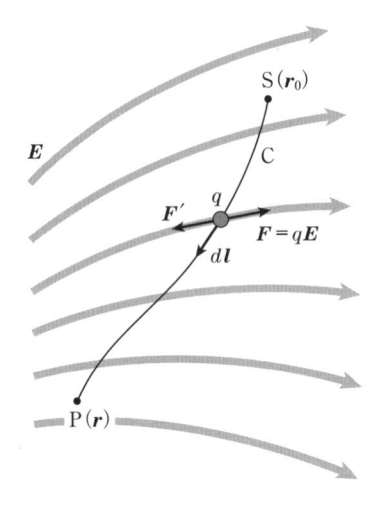

図 1.19 静電場内で外力 $F' = -qE$ のする仕事

$$W_{\mathrm{S}\to\mathrm{P}} = \int_{\mathrm{C}} F_{\mathrm{t}}' \, dl = -q \int_{\mathrm{S}}^{\mathrm{P}} \boldsymbol{E} \cdot d\boldsymbol{l} \tag{1.42}$$

で与えられる．(1.42) の仕事 $W_{\mathrm{S}\to\mathrm{P}}$ は電荷 q が獲得する電気的な位置エネルギーの増加量 $U_{\mathrm{P}} - U_{\mathrm{S}}$ に等しいので

$$U_{\mathrm{P}} - U_{\mathrm{S}} = W_{\mathrm{S}\to\mathrm{P}} = -q \int_{\mathrm{S}}^{\mathrm{P}} \boldsymbol{E} \cdot d\boldsymbol{l} \tag{1.43}$$

という関係が成り立つ．ここで，$U_{\mathrm{P}} = U(\boldsymbol{r})$ と $U_{\mathrm{S}} = U(\boldsymbol{r}_0)$ は，それぞれの点での**電気的な位置エネルギー**（これが**電気エネルギー**になる）である．

1.5.2 電位と電位差

電位の定義

(1.43) からわかるように，電気的な位置エネルギー U は q に比例するので $U = q\phi$ という形に表せる．そこで，単位正電荷当たりの位置エネルギー

$$\phi = \frac{U}{q} \tag{1.44}$$

を**電位**（**静電ポテンシャル**という）と定義する．この電位を使って，(1.43)

を書き換えると（$\phi_P = \phi(\boldsymbol{r})$, $\phi_S = \phi(\boldsymbol{r}_0)$ とする）

$$\phi_P - \phi_S = \frac{W_{S \to P}}{q} = -\int_S^P \boldsymbol{E} \cdot d\boldsymbol{l} \tag{1.45}$$

となる．ここで，最右辺が（1.42）で $q=1$ とおいたものと同じであることに着目すれば，(1.45) から，点 P の電位 ϕ_P は単位正電荷を基準点 S から点 P まで動かすときに外力がする仕事であることがわかる．

しかし，ϕ_S は $\boldsymbol{r}_0$ を決めれば定数になるが，この $\boldsymbol{r}_0$ は任意に選べる．そのため，電位 ϕ_P は定数 ϕ_S だけの任意性をもっていることになる．なお，電位を記号 V で表す本もあるが，本書では V を次に述べる電位差に用いる．

電位差の定義

(1.45) のような電位の任意性 ϕ_S は，2 点間の電位の差をとれば消せる．例えば，点 P$_1$ の電位（$\phi_{P_1} - \phi_S$）と点 P$_2$ の電位（$\phi_{P_2} - \phi_S$）の差（$\phi_{P_2} - \phi_S$）－（$\phi_{P_1} - \phi_S$）は $\phi_{P_2} - \phi_{P_1}$ となるので，ϕ_S は消える．この電位の差が**電位差**あるいは**電圧**で，電位のような任意性がないので，値が一意的に決まる量である．電位とのこの違いを考慮して，本書では電位差に記号 V を用いる．したがって，点 P$_1$ と点 P$_2$ での電位をそれぞれ $\phi_{P_1} = \phi(\boldsymbol{r})$，$\phi_{P_2} = \phi(\boldsymbol{r}')$ で表せば，(1.45) より 2 点間の電位差（電圧）V は

$$V = \phi_{P_2} - \phi_{P_1} = -\int_{P_1}^{P_2} \boldsymbol{E} \cdot d\boldsymbol{l} \tag{1.46}$$

であり，また

$$V = \frac{W_{P_1 \to P_2}}{q} \tag{1.47}$$

という関係式でも表すことができる．この関係式は重要で，1.8 節の「電場のエネルギー」や 2.1.2 項の「ジュール熱」などで必要になる．

なお，電位と電位差の違いは山の高さに喩えればわかりやすい．富士山の海面（これが基準点 S に当たる）からの高さ（標高 3776 m）が電位 ϕ であり，例えば 5 合目（標高 2163 m）と 7 合目（標高 3150 m）の標高差 987 m が

電位差 V に当たる.

電位と電位差の単位 V = J/C = N·m/C 電位差の式 (1.47) の右辺は, 分子が仕事 (J) で分母が電荷 (C) だから, 単位は J/C である. これをボルト (V) とよび, $1\,\mathrm{V} = 1\,\mathrm{J/C}$ である. つまり, ある2点間で1Cの電荷を移動させるのに1Jの仕事を要すれば, 2点間には1Vの電位差があることになる.

電位と電位差の例

（1） 一様な静電場の場合 —基準点を ∞ にとれない電位—

図 1.20 のように, x 軸の正方向を向いた一様な電場内に, 点Sから点Pにいたる1つの経路Cを考え, この経路に沿って (1.45) の線積分を計算しよう. 電場 E は x 成分だけなので, $E = (E_x, E_y, E_z) = (E, 0, 0)$ と書けば, 変位 $dl = (dx, dy, dz)$ とのスカラー積 $E \cdot dl$ は

$$E \cdot dl = E_x\,dx + E_y\,dy + E_z\,dz = E\,dx \tag{1.48}$$

である. したがって, 電位は (1.45) より

$$\phi_\mathrm{P} - \phi_\mathrm{S} = -\int_\mathrm{S}^\mathrm{P} E \cdot dl = -\int_{x_0}^{x} E\,dx = Ex_0 - Ex \tag{1.49}$$

となる.

電位の計算をするとき, 一般に基準点を無限遠点 ($x_0 = \infty$) にとる. この

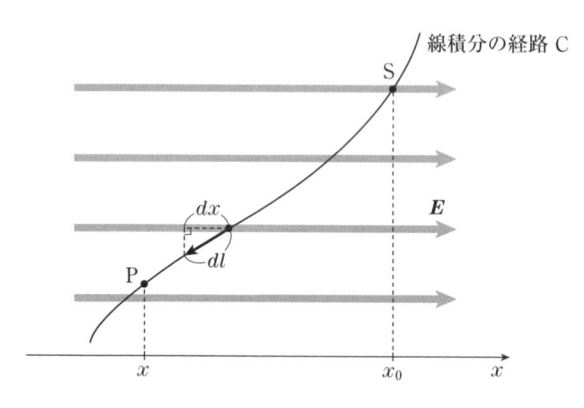

図 1.20 一様な静電場内での電位

とき $\phi_S = 0$ となればよいが, $\phi_S = \phi(x_0) = -Ex_0$ なので発散する. したがって, この場合は電位差だけが意味のある量になる. 例えば, 2点A（座標 x_A）とB（座標 x_B）の間の電位差 V は, $x_B < x_A$ のとき (1.49) より

$$V = \phi_B - \phi_A = -\int_{x_A}^{x_B} E\,dx = E(x_A - x_B) = Ed \qquad (1.50)$$

である. ここで $d = x_A - x_B$ は2点間の距離である. この式は1.7.2項の平行板コンデンサーを扱うときに使う.

［例題 1.8］平行な導体板の間の電位

図 1.6(c) のような2枚の平行な導体板の間の電場が一様で, 大きさは $E = 2.4 \times 10^4$ N/C とする. 板の間隔 d は 1.8 cm である.

（1） 板の間の電位差 V を求めなさい.

（2） 正の板から負の板へ陽子を静止状態から加速させる. 力学的エネルギー保存則から, 陽子の獲得する運動エネルギー K を求めなさい. ただし, 陽子の電荷 q は $q = 1.6 \times 10^{-19}$ C である.

［解］（1）(1.50) の $V = Ed$ に $d = 0.018$ m と $E = 2.4 \times 10^4$ N/C を代入すれば, $V = Ed = (2.4 \times 10^4) \times 0.018 = 432$ V となる.

（2） 電位差 V の中で陽子のもつ位置エネルギーの大きさ U は $U = qV$ である. 力学的エネルギーが保存すれば, この位置エネルギー U が陽子の運動エネルギー K に変わる. したがって, $K = U = qV = (1.6 \times 10^{-19}\,\text{C}) \times 432\,\text{V} = 6.91 \times 10^{-17}$ J となる. ここで, 原子核物理学や高エネルギー物理学で使われるエネルギーの単位である eV（**電子ボルト**）

$$\begin{aligned} 1\,\text{eV} &= 1.6 \times 10^{-19}\,\text{C} \cdot \text{V} \\ &= 1.6 \times 10^{-19}\,\text{J} \end{aligned} \qquad (1.51)$$

を用いれば, $K = 432 \times (1.6 \times 10^{-19}\,\text{C} \cdot \text{V}) = 432 \times (1\,\text{eV}) = 432$ eV となる.

（2） クーロン場の場合 ―基準点を ∞ にとれる電位―

クーロン場とは, クーロン力がはたらく (1.11) のような電場のことである. 図 1.21 のように, 電荷 q のつくる電場内に点Sから点Pにいたる1つ

図 1.21 クーロン場内での電位

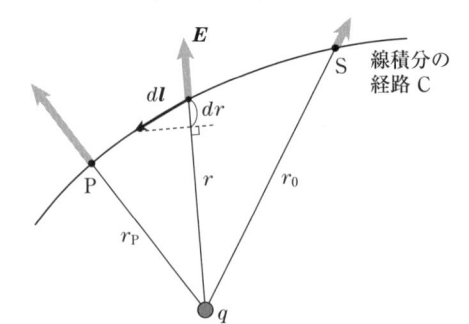

の経路 C を考え，この経路に沿って (1.45) の線積分を計算しよう．電場 E は r 成分（(1.11) の $E(r)$）だけなので，$E\cdot dl$ は dl の r 成分（dr）を使って

$$E\cdot dl = E\, dr \tag{1.52}$$

となる．したがって，電位は (1.45) より

$$\phi_P - \phi_S = -\int_{r_0}^{r_P} E\, dr = -\frac{q}{4\pi\varepsilon_0}\int_{r_0}^{r_P}\frac{1}{r^2}\,dr = \frac{q}{4\pi\varepsilon_0}\left(\frac{1}{r_P}-\frac{1}{r_0}\right) \tag{1.53}$$

となる．

クーロン場の場合は，(1.49) の一様な電場の場合とは異なり，$r_0=\infty$ で $\phi_S = \phi(r_0) = q/4\pi\varepsilon_0 r_0 = 0$ なので，無限遠点を基準点にとることができる．このように電位の任意性が消えるので，クーロン場では，電位と電位差の区別はいらない．そのため電荷 q から距離 r だけ離れた点 P の電位と電位差は

$$\boxed{V(r) = \phi(r) = \frac{q}{4\pi\varepsilon_0}\frac{1}{r}} \tag{1.54}$$

で与えられる．

（参考）渦なしの場 —静電場は保存力—

静電場での電位や電位差は，(1.49) と (1.53) が示すように，積分経路のとり方とは無関係で，線積分の始点と終点の値（点 S と点 P）だけで決まる．この

ため，始点と終点を一致させて，経路Cを1つの閉曲線（ループ）にすると，Cを1周する線積分（これを**周回積分**という）Γ は

$$\Gamma = \oint_C \boldsymbol{E} \cdot d\boldsymbol{l} = 0 \tag{1.55}$$

のようにゼロになる（積分記号の○は1周積分を表す記号）．この式は静電場であれば，どのような形の閉曲線でも成り立つので，この (1.55) を静電場の定義と見なすこともできる．

ところで，(1.55) が成り立つ理由は，経路Cを1周する間に $\boldsymbol{E} \cdot d\boldsymbol{l}$ の正になる部分と負になる部分が互いに打ち消し合うためである．換言すれば，仮に静電場がループのような閉じた形（渦のような形）をしていたら，ループを1周する間 $\boldsymbol{E} \cdot d\boldsymbol{l}$ は正か負のどちらか一方の値だけしかとらないから，(1.55) は成り立たない．このため，(1.55) は静電場がループ状ではないことを意味している（図1.6の例のように，静電場の電気力線は始点から終点に入る線で，ループではない）．この事実を，静電場は**渦なしの場**であるという．ちなみに，Γ は任意のベクトル場に対して定義できる周回積分で，ループC内に存在する渦の大きさを反映する量である．この Γ を**循環**とよび，循環がゼロでなければ，ベクトル場が渦をもつことを意味する．このようなベクトル場を**ソレノイダルな場**という．第4章の電磁誘導で現れる誘導電場はソレノイダルな場であることを注意しておく．また，第2章に登場する磁場もソレノイダルな場である（付録Cを参照）．

なお，(1.55) はクーロン力が保存力であることを述べている．力学で学ぶように，**保存力**とはポテンシャルから導かれる力で，例えば，重力は位置エネルギー（ポテンシャルエネルギー）の空間微分で与えられる．同様に，クーロン力も電位の空間微分で与えられる（次節を参照）．

1.6 等電位面と電位の勾配

(1.46) の電位差 $\phi_{P_2} - \phi_{P_1}$ を形式的に，定積分の公式 $\int_{x_1}^{x_2} dx = x_2 - x_1$ を用いて

$$\int_{\phi_{P_1}}^{\phi_{P_2}} d\phi = \left[\phi\right]_{\phi=\phi_{P_1}}^{\phi=\phi_{P_2}} = \phi_{P_2} - \phi_{P_1} \tag{1.56}$$

のように表すと (1.46) は

$$\int_{\phi_{P_1}}^{\phi_{P_2}} d\phi = -\int_{P_1}^{P_2} \boldsymbol{E} \cdot d\boldsymbol{l} \tag{1.57}$$

となる．(1.46) をこのような積分に書き換えると

$$\boxed{d\phi = -\boldsymbol{E} \cdot d\boldsymbol{l}} \tag{1.58}$$

という関係式が成り立つことがわかる．(1.58) は電場 E 内の微小区間 dl における電位の差 $d\phi$ を決める式で，これから述べる等電位面や電位の勾配という量を定義するときに必要な式である．

等電位面の性質

電場内で電位の等しい点だけを連ねていくと，1つの面ができる．これを**等電位面**という．この等電位面は電場と直交する性質をもっている．これは次のようにして示すことができる．

図 1.22 のように，等電位面上の近接した点 P_1 と P_2 の電位を ϕ_1, ϕ_2 とすると，等電位であるから電位の差 $d\phi = \phi_2 - \phi_1 = 0$ である．いま，点 P_1 での電場を E とし，点 P_1 から P_2 への変位を $d\boldsymbol{l}$ とすると，(1.58) から $\boldsymbol{E} \cdot d\boldsymbol{l} = 0$ という関係式を得る．この $d\boldsymbol{l}$

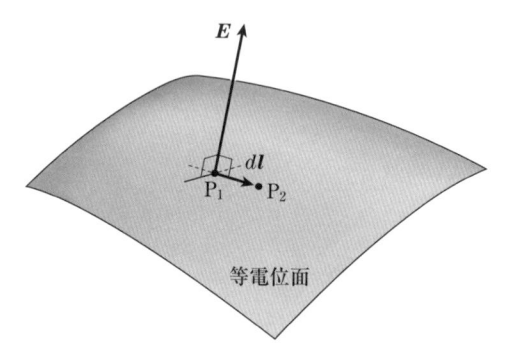

図 1.22 等電位面上の電場

は等電位面にあるから，この関係式は電場と等電位面が直交することを意味する．さらに，E が電気力線の接線であることに注意すれば，この関係式は電気力線が等電位面と直交することを表している．

例えば，原点の電荷がつくる (1.54) の電位は，半径 r の球面上では一定（同じ値）だから，球面が等電位面になる．このとき，電気力線は原点から放射状に出ているから，確かに電気力線と等電位面は直交している．

1.6 等電位面と電位の勾配

電位の勾配 —電位から電場を求める方法—

図 1.20 (一様な静電場) のように,電場 E が x 方向を向き,その成分が E_x だけ (つまり,$E = |E| = E_x$) の場合,(1.48) より $\boldsymbol{E}\cdot d\boldsymbol{l} = E\,dx = E_x\,dx$ だから,(1.58) は $d\phi = -E_x\,dx$ という式になる.したがって,この式の両辺を dx で割れば

$$E_x = -\frac{d\phi(x)}{dx} \qquad (1.59)$$

のような微分で電場が与えられることになる.

また,図 1.21 (クーロン場) のように電荷 q のつくる放射状の電場 E の場合,(1.52) より $\boldsymbol{E}\cdot d\boldsymbol{l} = E\,dr$ だから,(1.58) は $d\phi = -E(r)\,dr$ という式になる.したがって,この場合も式の両辺を dr で割れば

$$E(r) = -\frac{d\phi(r)}{dr} \qquad (1.60)$$

という微分になる.例えば,(1.54) の電位を (1.60) に代入すれば

$$E(r) = -\frac{d}{dr}\left(\frac{q}{4\pi\varepsilon_0 r}\right) = \frac{q}{4\pi\varepsilon_0 r^2} \qquad (1.61)$$

のようになるが,これは (1.11) と同じだから,確かに,(1.60) は電荷 q のつくる電場を正しく与えることがわかる.

このように,電場 E は電位 ϕ の微分によって求めることができる.実は,この (1.59) や (1.60) は**電位の勾配**とよばれるベクトル量 ($\nabla\phi$) の特定の成分 (x 成分や r 成分) で,その一般的な式は (1.65) に与えられている.

なお,電場 $\boldsymbol{E}(x,y,z)$ が $E_x(x,y,z)$, $E_y(x,y,z)$, $E_z(x,y,z)$ の 3 成分をもっている場合には,この 3 成分は電位 $\phi(x,y,z)$ を用いて

$$\boxed{E_x = -\frac{\partial \phi}{\partial x}, \quad E_y = -\frac{\partial \phi}{\partial y}, \quad E_z = -\frac{\partial \phi}{\partial z}} \qquad (1.62)$$

のように与えられる.(1.62) の E_x の式は (1.59) と**偏微分**記号 ∂ のところが異なるだけで,基本的に (1.62) と (1.59) は同じものであることに注意

してほしい．(1.62) で偏微分記号 ∂ が現れる理由は，(1.62) の ϕ が多変数関数（つまり，x 以外に y, z などの変数にも依存している関数）になるためである（数学公式 A.5 を参照）．なお，(1.62) の具体的な計算は，演習問題 [1.6] で示す．

(参考)「電位の勾配」の一般的な表現

直交座標系の単位ベクトル $\hat{i}$, $\hat{j}$, $\hat{k}$ を使って電場 E を表せば，$E = E_x\hat{i} + E_y\hat{j} + E_z\hat{k}$ であるから，これに (1.62) を代入すれば

$$E = -\frac{\partial \phi}{\partial x}\hat{i} - \frac{\partial \phi}{\partial y}\hat{j} - \frac{\partial \phi}{\partial z}\hat{k} = -\left(\frac{\partial}{\partial x}\hat{i} + \frac{\partial}{\partial y}\hat{j} + \frac{\partial}{\partial z}\hat{k}\right)\phi \tag{1.63}$$

という形に電場 E を書くことができる．ここで，∇（ナブラ）というベクトル演算子

$$\nabla = \frac{\partial}{\partial x}\hat{i} + \frac{\partial}{\partial y}\hat{j} + \frac{\partial}{\partial z}\hat{k} \tag{1.64}$$

を使えば，(1.63) は

$$\boxed{E = -\nabla \phi} \tag{1.65}$$

のように簡潔に表現できる．ところで，(1.65) を (1.58) に代入すると

$$d\phi = \nabla \phi \cdot dl \tag{1.66}$$

となる．E は等電位面に垂直なので，$\nabla \phi$ も垂直である．いま dl を等電位面に垂直かつ電位が増加する向きに選ぶと，dl と $\nabla \phi$ は平行 $\nabla \phi \cdot dl = |\nabla \phi| dl \cos 0 = |\nabla \phi| dl$ になる．そのため (1.66) より，電位の傾き $d\phi/dl$ は $\nabla \phi$ の大きさ $|\nabla \phi|$ になり，それが電位の傾きの最大値になるから，$\nabla \phi$ を **電位の勾配** という（数学公式 A.8 を参照）．

なお，N 個の電荷 q_i がある場合，点 P での電場 E は，各電荷 q_i が点 P につくる電場 E_i の重ね合わせで決まるから，(1.13) に $E_i = -\nabla \phi_i$ を代入した

$$E = E_1 + E_2 + \cdots = -\nabla \phi_1 - \nabla \phi_2 - \cdots = -\nabla(\phi_1 + \phi_2 + \cdots) \tag{1.67}$$

が成り立つ．この合成された電場 E の電位を ϕ とすると，$E = -\nabla \phi$ であるから，(1.67) の最右辺と比較すれば

$$\phi = \phi_1 + \phi_2 + \cdots = \sum_{i=1}^{N} \phi_i \qquad (1.68)$$

となり，点 P の電位 ϕ は各電荷がつくる電位 ϕ_i の代数和で与えられる．

一般に，ベクトル量（向きと大きさをもつ量）よりもスカラー量（数値だけの量）の方が計算しやすい．このため，電場 E を計算するときも，スカラー量の電位 ϕ を計算してから，(1.65) を使ってベクトル量の電場 E を求める方が簡単である．

1.7 導体

物質は，一般に正と負の荷電粒子からできている．金属や電解質溶液のように電気をよく通す物質を**導体**といい，ガラスやビニールのように電気を通しにくい物質を**不導体**（これを絶縁体や誘電体）という．導体に電気が流れるのは，自由に動ける荷電粒子が存在するためである．そのような荷電粒子は，金属では負電荷の**自由電子**（**伝導電子**）であり，酸や塩のような電解質では正と負のイオンである．

1.7.1 静電誘導と導体の性質

金属内の自由電子は，電場の変化に応じて瞬時に動く．いま，図 1.23(a) のような一様な静電場があるとしよう．その中に，図 1.23(b) のように金属の導体を置く．すると，導体内部の自由電子は電場と反対向きの力を受けて，その一部はすぐに導体の左端に集まる．このため，左端の表面に負の電荷，右端の表面に正の電荷が現れ，導体内部には外部の電場と逆向きの電場が新たに生まれる．この電場が外部の電場を完全に打ち消すように，自由電子は約 10^{-18} s から 10^{-16} s くらいで動く．その結果，図 1.23(c) のように導体内の電場はゼロになって，導体内部は電荷が動かない**平衡状態**になる．つまり，平衡状態の導体内部では

$$\boxed{E = 0} \quad \text{（平衡状態の導体の内部）} \qquad (1.69)$$

(a) 一様な静電場 E

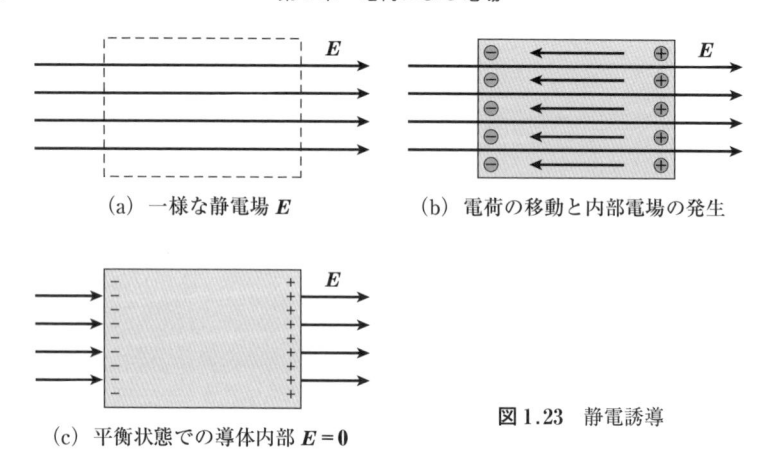

(b) 電荷の移動と内部電場の発生

(c) 平衡状態での導体内部 $E = 0$

図 1.23 静電誘導

である．図 1.23(b) から図 1.23(c) に至る現象を**静電誘導**という．平衡状態にある導体は，次のような電気的な性質をもっている．

(1) 導体の表面は等電位面である（図 1.24(a)）．

［理由］ 任意の 2 点 P_1 と P_2 の電位差 $V = \phi_{P_2} - \phi_{P_1}$ は (1.46) で決まるから，この 2 点を導体内部の任意の場所にとり，$E = 0$ を (1.46) に代入すれば $V = 0$ である．このため，導体内部はすべて等電位領域になるので，導体表面も等電位になる．

(2) 帯電している導体の電荷は導体表面だけに存在する（図 1.24(b)）．

［理由］ ガウス面を導体表面ぎりぎりの内側にとり，電場のガウスの法則 (1.28) を使うと，ガウス面内の電荷 Q は $E = 0$ より電荷 $Q = 0$ である．

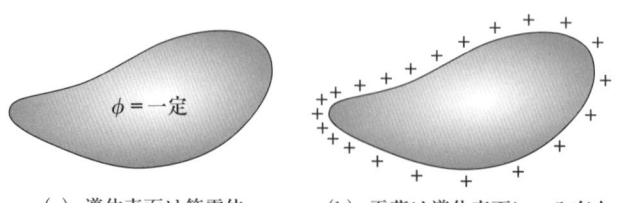

(a) 導体表面は等電位　　(b) 電荷は導体表面にのみ存在

図 1.24 導体の性質

1.7 導体

このため，導体が帯電していれば，その電荷は表面にしか存在できない．

(3) 導体表面の電場は，面電荷密度を σ とすれば

$$E = \frac{\sigma}{\varepsilon_0} \quad (導体の表面) \tag{1.70}$$

である（演習問題 [1.7] を参照）．

[理由] 図 1.16 の平面を導体表面と見なし，この表面で上下に分離される領域の一方を導体内部であるとする．そこで，S″ 側を導体内部とすれば，その電場はゼロだから，ガウス面（円筒）内の電場は S′ 側だけである．この電場 E が面 S′ を通過する電束になるから，(1.35) の $2EA$ は EA となる．また，円筒内の電荷は σA である．したがって，(1.35) は $EA = \sigma A/\varepsilon_0$ となり (1.70) を得る．

[例題 1.9] 導体球殻の電位

半径 a の導体球殻の表面に電荷 Q が一様に分布している．[例題 1.6] の結果 (1.29) と (1.30) を用いて，導体球殻の外部 ($r > a$) と内部 ($r < a$) の電位 ϕ を求め，導体の電気的な性質 (1) を確認しなさい．

[解] 球殻の外部($r > a$)での電場は(1.29)より $E_1 = Q/4\pi\varepsilon_0 r^2$ で，内部 ($r < a$) の電場は (1.30) より $E_2 = 0$ である．

球殻外の位置 $r\,(>a)$ の点 P での電位 ϕ は，単位正電荷を無限遠点 ∞ から r まで運ぶ仕事だから

$$\phi(r) = -\int_\infty^r E_1\,dr = -\frac{Q}{4\pi\varepsilon_0}\int_\infty^r \frac{1}{r^2}\,dr = \frac{Q}{4\pi\varepsilon_0 r} \tag{1.71}$$

である．一方，球殻内の位置 $r\,(<a)$ の点 P での電位 ϕ も，無限遠点 ∞ から r まで運ぶ仕事であるが，途中 a で電場の形が変わるので，積分区間を 2 つに分けて計算しなければならない．したがって，電位は

$$\phi(r) = -\int_\infty^a E_1\,dr - \int_a^r E_2\,dr = -\int_\infty^a E_1\,dr = \frac{Q}{4\pi\varepsilon_0 a} \tag{1.72}$$

となり，(1.71) で $r = a$ とおいた $\phi(a)$ と同じものになる．

図 1.25(a) は電位 $\phi(r)$ を描いたもので，球殻表面 ($r = a$) から内側は $\phi(a)$ の等電位であることがわかる．一方，電場 $E(r)$ は，図 1.25(b) のように，導体内部

(a) 電 位　　　　　　　　　(b) 電 場

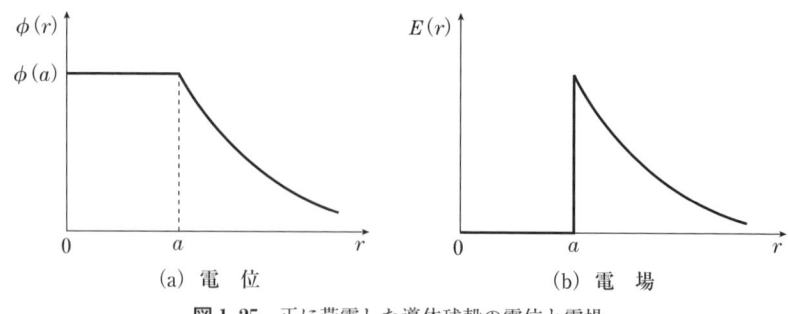

図 1.25　正に帯電した導体球殻の電位と電場

ではゼロである．この結果は，導体の電気的性質（1）を表している．

なお，この結果は球殻の中に導体が詰まった導体球の場合でも成り立つ．(1.71) は，次項でコンデンサーの静電容量を説明するときに用いる．

1.7.2　コンデンサー

コンデンサー（キャパシターともいう）とは，導体に大量の電荷を蓄積させる装置である．

静電容量の定義 —電荷を蓄える能力—

導体にどれだけの電荷が蓄えられるかは，導体の電荷 Q と電位 ϕ の関係で決まる．1つの導体球（半径 a）が電荷 Q で帯電している場合，その電位 ϕ は (1.71) から $\phi = \phi(a) = Q/4\pi\varepsilon_0 a$ なので，Q は ϕ に比例することがわかる．そこで，比例定数を C として $Q = C\phi$ のように書くと，ϕ が同じ場合でも C が大きいほど，蓄えられる電荷 Q も増えることがわかる．そのため，この比例定数 C のことを導体の**静電容量**（電気容量）という．導体球の場合，$C = 4\pi\varepsilon_0 a$ であるが，C の具体形は導体の形状で異なる．ちなみに，地球（$a = 6.4 \times 10^6$ m）の C は 640 μF である．

同種の電荷は互いに反発するので，単独の導体ではあまり電荷を蓄えることはできない．しかし，図 1.26 のように，正と負に帯電させた 2 つの導体

1.7 導体

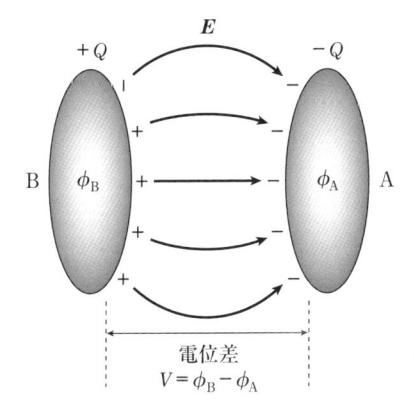

図1.26 コンデンサーの定義

（極板という）A, B を向かい合わせに近づけると，極板の間にはたらくクーロン力で，極板上に正と負の電荷が大量に蓄えられる．これがコンデンサーである．

2つの導体 A（電荷 $-Q$）と B（電荷 Q）で構成されるコンデンサーの場合，導体 A, B 間の電位差を $V = \phi_B - \phi_A$ とすれば，静電容量 C は $Q = CV$ より

$$C = \frac{Q}{V} = \frac{Q}{\phi_B - \phi_A} \tag{1.73}$$

で定義される．(1.73) で，$V = 1\,\mathrm{V}$ とおくと $C = Q$ であるから，C は電位差を 1 V だけ増加させるのに必要な電荷量であると解釈できる．そのため，電位 V が同じならば，C が大きいほど，より大量の電荷 Q を蓄えることができるから，C はコンデンサーの電荷を蓄える能力を示す量である．

静電容量の単位 F = C/V　　静電容量の定義式 (1.73) の右辺は，分子が電荷（C）で分母が電位差（V）だから，静電容量の単位は C/V である．これをファラッド（F）とよび，1 F = 1 C/V である．［例題1.1］で述べたように，1 C は非常に大きな値だから，マイクロファラッド（$\mu\mathrm{F} = 10^{-6}\,\mathrm{F}$）やピコファラッド（$\mathrm{pF} = 10^{-12}\,\mathrm{F}$）などが使われる．なお，ファラッドはファラデーの名に由来する．

平行板コンデンサー

図 1.27 のように，2 つの極板（面積 A）を距離 d だけ離して平行に向かい合わせたものを**平行板コンデンサー**という．極板の端の影響が無視できるとき，このコンデンサーの静電容量 C は

$$C = \frac{\varepsilon_0 A}{d} \tag{1.74}$$

で与えられる．(1.74) より，C を増やすには，面積 A を大きくするか，極板間の距離 d を小さくすればよいことがわかる．

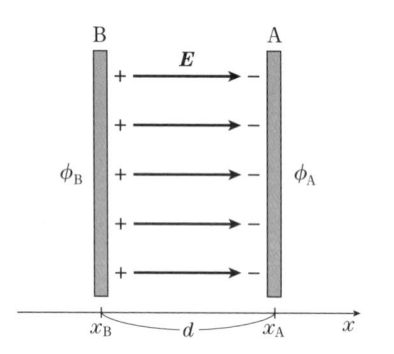

図 1.27 平行板コンデンサー

[例題 1.10] 静電容量の計算

（1）(1.74) を極板間の電場が一様であると仮定して導きなさい．

（2）極板を 1 辺 5 cm の正方形の金属板でつくり，$d = 1$ mm のときの静電容量 C を計算しなさい．ただし，$\varepsilon_0 = 9 \times 10^{-12}$ C^2/(N·m^2) とする．

[解]（1）電場 E は極板間で一様だから，極板上の面電荷密度を σ とすれば，E は (1.70) の $E = \sigma/\varepsilon_0$ で与えられる．したがって，極板間の電位差 $V = \phi_B - \phi_A$ は (1.50) より $V = Ed = \sigma d/\varepsilon_0$ である．また，極板（面積 A）上の電荷 Q は $Q = \sigma A$ である．この V と Q を (1.73) の $C = Q/V$ に代入すれば，$C = \sigma A/(\sigma d/\varepsilon_0)$ より (1.74) を得る．なお，ここで仮定した一様な電場は，d が A に比べて十分小さい場合に実現する．

(2) $A = 25 \times 10^{-4}$ m², $d = 1 \times 10^{-3}$ m を (1.74) に代入すれば，$C = \varepsilon_0 A/d = (9 \times 10^{-12}) \times (25 \times 10^{-4})/(1 \times 10^{-3}) = 225 \times 10^{-13} = 22.5$ pF となる．

コンデンサーの接続

（1） 並列接続 —同じ電圧がかかるつなぎ方—

図 1.28(a) のように，静電容量 C_1, C_2 のコンデンサーを並列につなぐと，これは

$$\boxed{C = C_1 + C_2} \tag{1.75}$$

の静電容量 C をもつ 1 つのコンデンサー（図 1.28(b)）と同じ（等価）である．

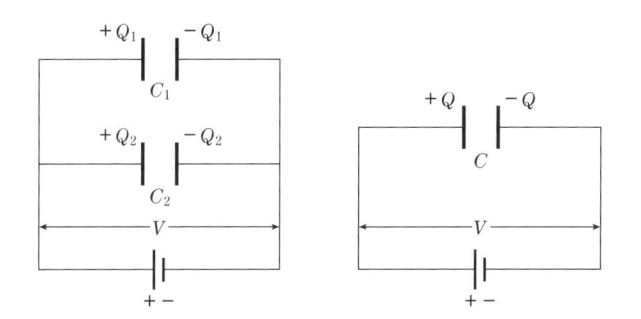

(a) 2つのコンデンサー C_1 と C_2 (b) 等価な1つのコンデンサー C
図 1.28　コンデンサーの並列接続

この関係式は，電圧（電位差）V の 2 つのコンデンサーに蓄えられる電荷 $Q_1 = C_1 V$ と $Q_2 = C_2 V$ の合計 $Q = Q_1 + Q_2 = (C_1 + C_2) V$ が，等価なコンデンサーの電荷 $Q = CV$ に等しいことから求まる．コンデンサーの数を N 個にした場合，(1.75) は $C = C_1 + C_2 + \cdots + C_N$ となる．

（2） 直列接続 —同じ電荷量がたまるつなぎ方—

図 1.29(a) のように，静電容量 C_1, C_2 のコンデンサーを直列につなぐと，これは

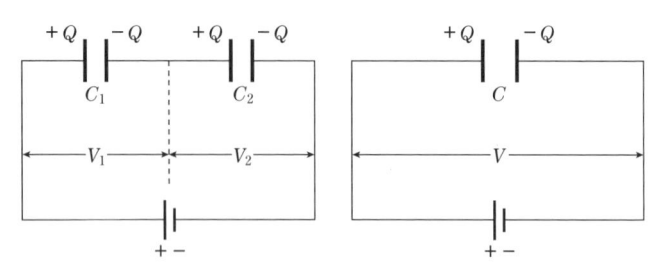

(a) 2つのコンデンサー C_1 と C_2 (b) 等価な1つのコンデンサー C

図 1.29 コンデンサーの直列接続

$$\frac{1}{C} = \frac{1}{C_1} + \frac{1}{C_2} \tag{1.76}$$

の静電容量 C をもつ1つのコンデンサー（図 1.29(b)）と等価である．

この関係式は，電荷 Q の2つのコンデンサーにかかっている電圧 $V_1 = Q/C_1$ と $V_2 = Q/C_2$ の合計 $V = V_1 + V_2 = Q/C_1 + Q/C_2 = Q(1/C_1 + 1/C_2)$ が，等価なコンデンサーの電圧 $V = Q/C$ に等しいことから求まる．コンデンサーの数を N 個にした場合，(1.76) は $1/C = 1/C_1 + 1/C_2 + \cdots + 1/C_N$ となる．

1.8 電場のエネルギー

静電容量 C のコンデンサーの極板に電荷 $\pm Q$ を蓄えるためには，電場に逆らって負極板から正極板へ電荷 Q を移動させなければならない．<u>この移動に必要な仕事 W が，電気的な位置エネルギー（電気エネルギー）としてコンデンサーに蓄えられる．</u>

そこで，図 1.27 のような静電容量 C のコンデンサーの極板 A，B に電荷 $\pm Q$ を蓄えることを考えよう．まず初めに，$q = 0$ であった電極 A から，$+dq$ の電荷を電場に逆らいながら電極 B へ運ぶとしよう．これを繰り返しながら，いま極板 B には $+q$，極板 A には $-q$ の電荷がたまった状態になっ

1.8 電場のエネルギー

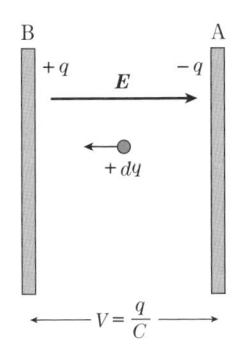

図 1.30 平行板コンデンサーと電気エネルギー

たとする（図1.30）．このとき，極板間の電位差 V は $V = q/C$ である．

この状態から，図1.30に示すように，さらに極板 A から B へ $+dq$ の電荷を運ぶとすれば，その仕事 dW は (1.47) から

$$dW = dW_{\text{A}\to\text{B}} = V\,dq = \frac{q}{C}\,dq \tag{1.77}$$

である．したがって，帯電していない $q = 0$ の状態から $q = Q$ の最終状態になるまでコンデンサーに電荷を蓄える仕事 W は，(1.77) を積分して

$$W = \frac{1}{C}\int_0^Q q\,dq = \frac{1}{C}\left[\frac{q^2}{2}\right]_{q=0}^{q=Q} = \frac{Q^2}{2C} \tag{1.78}$$

で与えられる．この W が電気エネルギーであり，そして，これがコンデンサーに蓄えられる**電場のエネルギー** U_e になるので

$$\boxed{U_\text{e} = W = \frac{Q^2}{2C} = \frac{CV^2}{2}} \tag{1.79}$$

となる．ここで $Q = CV$ を使った．

また，(1.79) は，コンデンサーの極板の間の空間に，単位体積当たり

$$\boxed{u_\text{e} = \frac{\varepsilon_0 E^2}{2}} \tag{1.80}$$

の**電場のエネルギー密度**があることを意味している（[例題 1.11] を参照）．

── [例題 1.11] 電場のエネルギーの計算 ──────────────

（1） (1.80) を導きなさい．

（2） 静電容量が $C = 10\,\mu\mathrm{F}$ で $V = 100\,\mathrm{V}$ に充電されているコンデンサーに蓄えられている電場のエネルギー U_e を求めなさい．

[解]（1） 平行板コンデンサー（面積 A，間隔 d）の静電容量は (1.74) の $C = \varepsilon_0 A/d$ で，極板の電荷は $Q = \sigma A$ だから，電場のエネルギー U_e は (1.79) より

$$U_\mathrm{e} = \frac{Q^2}{2C} = \frac{(\sigma A)^2}{2\varepsilon_0 A/d} = \frac{\sigma^2}{2\varepsilon_0} Ad = \frac{\varepsilon_0 E^2}{2} Ad \qquad (1.81)$$

である．ここで，最右辺には $E = \sigma/\varepsilon_0$ を使った．極板に挟まれた空間の体積は Ad だから，(1.81) を体積で割った U_e/Ad が (1.80) になる．

（2）(1.79) に $C = 10\,\mu\mathrm{F}$ と $V = 100\,\mathrm{V}$ を代入すれば，電場のエネルギー U_e の値は $U_\mathrm{e} = CV^2/2 = (10 \times 10^{-6}) \times (100)^2/2 = 0.05\,\mathrm{J}$ となる．

(1.80) の u_e はコンデンサーの電場を使って導いたが，この結果の中にコンデンサーに関する情報は含まれていない．そのため，(1.80) はコンデンサーとは無関係に，真空中に電場 E があれば，そこにエネルギー密度 u_e の電場のエネルギーが存在することを意味している．

ところで，コンデンサーの場合，この電場のエネルギーはどこに蓄えられているのだろうか．素朴に考えると，電荷に対して仕事をしたのだから，電荷に蓄えられていると思うかもしれない．しかし，実はそうではなくて，これはコンデンサーの極板の間にある空間に蓄えられているのである．この空間が，要するに電場なのである．一般に，電場は**自由空間**（**真空**）に存在できるから，電場のある空間には電場 E の 2 乗に比例する $\varepsilon_0 E^2/2$ のエネルギー密度が存在していることになる．

第1章のまとめ

1. 2つの点電荷（q と q'）間の距離が r のとき，2つの電荷間にはたらくクーロン力（静電気力）の大きさ F は

$$F(r) = \frac{1}{4\pi\varepsilon_0}\frac{qq'}{r^2} \qquad [\text{☞} \quad (1.1)]$$

である．

2. 点電荷 q' が距離 r の場所につくる電場の大きさ E は

$$E(r) = \frac{F(r)}{q} = \frac{1}{4\pi\varepsilon_0}\frac{q'}{r^2}$$

$$[\text{☞} \quad (1.10)+(1.11)]$$

である．$q = 1\mathrm{C}$ のとき $E = F$ なので，電場は単位正電荷にはたらくクーロン力である．

3. 電束 Φ_E とは，電場に垂直な面 S（面積 A）を通過する電気力線の数のことで

$$\Phi_E = EA \qquad [\text{☞} \quad (1.14)]$$

で定義される．電場の大きさ E は面 S での値である．

4. 電場のガウスの法則は，閉曲面 S の電束 Φ_E と S 内部の電荷 Q をつなぐもので

$$\Phi_E = \oint_S E_n\, da = \int_S \boldsymbol{E}(\boldsymbol{r})\cdot\hat{\boldsymbol{n}}\, da = \frac{Q}{\varepsilon_0}$$

$$[\text{☞} \quad (1.28)]$$

で定義される．

5. 点 P の電位 ϕ_P とは，1 C の電荷を基準点 S から点 P まで動かすときに，外力がする仕事で定義される量で

$$\phi_\mathrm{P} - \phi_\mathrm{S} = \frac{W_{\mathrm{S}\to\mathrm{P}}}{q} = -\int_\mathrm{S}^\mathrm{P} \boldsymbol{E}\cdot d\boldsymbol{l} \qquad [\text{☞} \quad (1.45)]$$

で与えられる.

6. 電位差（電圧）V は点 P_1 と点 P_2 の間の電位の差

$$V = \phi_{P_2} - \phi_{P_1} = \frac{W_{P_1 \to P_2}}{q} = -\int_{P_1}^{P_2} \boldsymbol{E} \cdot d\boldsymbol{l}$$

[☞ (1.46)+(1.47)]

なので，基準点の電位 ϕ_S に関する任意性はない.

7. 静電場は保存力の場（渦なしの場）なので

$$\Gamma = \oint_C \boldsymbol{E} \cdot d\boldsymbol{l} = 0 \qquad [☞ \quad (1.55)]$$

のように，単位正電荷を静電場内で1周させると，電場のする仕事はゼロである. この Γ を循環という.

8. 等電位面と電気力線は直交する． [☞ $d\phi = 0$ と (1.58)]

9. 平衡状態の導体内の電場 E は

$$\boldsymbol{E} = 0 \qquad [☞ \quad (1.69)]$$

なので，導体表面を含むすべての領域が等電位になる.

10. 電場のエネルギー密度 u_e は

$$u_e = \frac{\varepsilon_0 E^2}{2} \qquad [☞ \quad (1.80)]$$

で，電場 E の2乗に比例する.

▰▰▰▰▰ 演習問題 ▰▰▰▰▰

以下の問題で必要ならば，$1/4\pi\varepsilon_0 = 9 \times 10^9 \, \mathrm{N \cdot m^2/C^2}$, $\varepsilon_0 = 9 \times 10^{-12} \, \mathrm{C^2/(N \cdot m^2)}$ を使うこと．

[1.1] 水素原子は電子（電荷 q）と陽子（電荷 q'）からできている．陽子と電子の距離が $r = 0.53 \times 10^{-10}$ m のとき，その間にはたらくクーロン力の大きさ F を

求めなさい．ただし，$q = -q' = -1.60 \times 10^{-19}$ C である．　　[☞　例題 1.1]

[1.2]　3つの点電荷 q_1, q_2, q が x 軸上にある．正電荷 q_1 を $x = 0$ に，正電荷 q_2 を $x = a(> 0)$ に固定し，その間に負電荷 q を置いて静止させたい．q にはたらくクーロン力の合力がゼロになる場所を x $(0 < x < a)$ として，x を決める式を導きなさい．次に，この式を用いて，$q_1 = 2\,\mu$C，$q_2 = 8\,\mu$C のとき，$x = 1$ m の場所で負電荷 q を静止させるために必要な a の値を求めなさい．　　[☞　1.1.2 項]

[1.3]　空間のある点 P に $q_1 = 2.0\,\mu$C の点電荷を置いたら $F_1 = 8 \times 10^{-4}$ N の力を受けた．点 P での電場の大きさ E を求めなさい．次に，同じ点 P に q_1 の代わりに $q_2 = -3.0\,\mu$C の電荷を置いたとき，q_2 が受ける力 F_2 を求めなさい．

[☞　例題 1.2]

[1.4]　2つの気球 S_1 と S_2 が接近したまま空中を飛んでいる．S_1 の密閉された内部には 3 個の電荷（$-2\,\mu$C, $7\,\mu$C, $-23\,\mu$C）があり，S_2 の密閉された内部には 4 個の電荷（$1\,\mu$C, $2\,\mu$C, $-11\,\mu$C, $35\,\mu$C）がある．このとき，気球 S_1 を通過する全電束 Φ_1 と気球 S_2 を通過する全電束 Φ_2 を計算しなさい．　　[☞　例題 1.5]

[1.5]　絶縁体でつくられた球（絶縁体球という）の内部に電荷が一様に分布している．絶縁体球（半径 a）の全電荷を Q，その体積電荷密度（単位体積当たりの電荷）を ρ とする．この球の中心からの距離を r として，球外（$r > a$）の点 P と球内（$r < a$）の点 P' での電場 E と電位 ϕ を求めなさい．次に，$Q = 9\,\mu$C で $a = 0.1$ m として，(a) $r = 0$ m と (b) $r = 1$ m での E と ϕ を計算しなさい．

[☞　例題 1.6 と 1.5.2 項]

[1.6]　空間の 1 点 (a, b, c) にある点電荷 q が $\boldsymbol{r} = (x, y, z)$ の場所 P につくる電位 $\phi(x, y, z)$ を使って，電場 $\boldsymbol{E}(x, y, z)$ の成分 $E_x(x, y, z)$，$E_y(x, y, z)$，$E_z(x, y, z)$ と電場の大きさ $E(x, y, z)$ を求めなさい．　　[☞　1.6 節]

[1.7]　晴れて穏やかな日の地表には，およそ $E = 100$ N/C の電場が下向きに存在する（この電場は上空に雲があると，大きく変化し，ときには向きが反転することもある）．このときの平坦な地面における面電荷密度 σ を求めなさい．次に，この σ で地球が帯電しているとして，地球（半径 $R = 6.4 \times 10^6$ m）の全電荷量 Q を求めなさい．

[☞　1.7.1 項]

第2章

電流による磁場

　電流とは電荷の運動であり，その周囲には磁場ができる．本章では，まず電流の基本的な性質について述べ，次に，電流による磁気作用の発見に端を発した電気と磁気の研究について，ビオ–サバールの法則から始める．そして，定常電流に対して成り立つアンペールの法則について述べる．さらに，この法則を非定常な電流にも成り立つように拡張した，アンペール–マクスウェルの法則について述べる．

　本章には，デンマークのエルステッド，イタリアのボルタ，フランスのビオとサバールとアンペール，ドイツのオームとキルヒホッフとガウスとウェーバー，イギリスのマクスウェルとジュール，ハンガリーのテスラなど，多くの国の科学者が登場する．そして，彼らの名を冠した法則がいくつも現れる．この事実こそ，電気と磁気の相互関係を解明し，電磁気学の基礎を創っていった人々の研究の深さと広さを物語っている．

学習目標
1．電流は荷電粒子の運動であることを理解する．
2．オームの法則とキルヒホッフの法則を理解する．
3．電流の周りに生じる磁場の特徴を説明できるようになる．
4．ビオ–サバールの法則やアンペールの法則を使えるようになる．
5．変位電流の役割と意味を説明できるようになる．
6．磁場のガウスの法則を理解する．

2.1 電流

電流とは，文字通り電荷の流れであり，最も身近な例は金属などの導体を流れる電流である．

導体内には，自由に動く荷電粒子がたくさん存在する．そこに電場を持続的に加えれば，粒子の運動が起こって電荷の流れが生まれる．これが素朴な電流のイメージである．このイメージをもう少し定量的に表現しよう．

多数の荷電粒子が流れている導線に，図2.1のように垂直な平面を考えて，導線との仮想的な断面 S（面積 A）をある時間内に通過する電荷量を考える．いま，図2.1(a) は時刻 t の状態を表しているとして，時刻 $t + \Delta t$ のときに，灰色の部分（Δq の電荷量を含むとする）が図2.1(b) のように断面 S を通過したとする．このとき，微小な時間 Δt の間に Δq だけの電荷が断面 S を通過したことになるので

$$I = \frac{\Delta q}{\Delta t} \tag{2.1}$$

によって，**平均的な電流**（平均電流）を定義する．この式を

$$\Delta q = I \, \Delta t \tag{2.2}$$

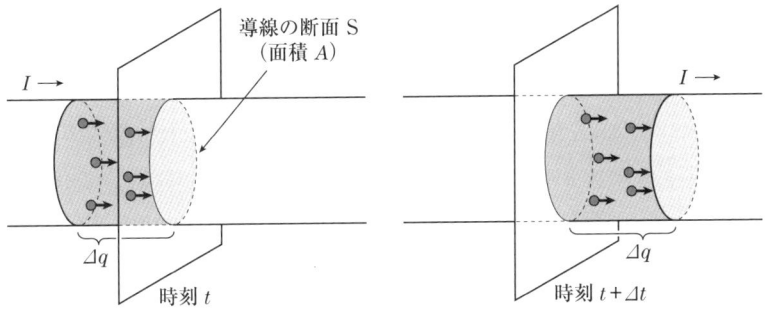

(a) 時刻 t での電荷 Δq の位置　　(b) 時刻 $t + \Delta t$ での電荷 Δq の位置

図2.1 電流の定義

のように変形すれば，Δq は電流 I が Δt の時間だけ流れるときに断面 S を通過する電荷量を表す．ここで，Δt と Δq に対して無限小の極限（$\Delta t \to dt$, $\Delta q \to dq$）を考えて，(2.1) と (2.2) を

$$I = \frac{dq}{dt}, \qquad dq = I\,dt \tag{2.3}$$

のように微分の形で表せば，**瞬間的な電流**（瞬時電流）と電荷量が定義できる．つまり，<u>電流とは単位時間に垂直な断面 S を通過する電荷の量（電気量）</u>のことである．

また，電流 I を導線の断面積 A で割った

$$J = \frac{I}{A} \tag{2.4}$$

によって，単位面積当たりの電流の強さを表す**電流密度**が定義される．

電流の単位 A ＝ C/s　　電流の定義式 (2.1) の右辺は，分子が電荷（C）で分母が時間（s）だから，電流の単位は C/s である．これをアンペア（A）とよび，1 A ＝ 1 C/s である．つまり，1 秒間に 1 C の電荷が流れるときの電流の強さが 1 A である．なお，単位の呼称はアンペールの名に由来する．

2.1.1　定常電流とドリフト速度

定常電流

導体内の電場が一定で時間的に変化しない場合，電流も時間変化しない．このような電流を**定常電流**あるいは**直流**という．これに対して，電場が時間的に変化する場合は，電流も変動する．このような電流を**非定常電流**とよび，2.5 節の「過渡電流」や第 6 章の「交流」などが，これに当たる．

電流の向き

図 2.1 は荷電粒子の流れを示しているだけで，断面 S を通過する電荷の符号は正負いずれでもよい．慣習として，電流の向きは図 2.2(a) のように正電荷の流れる方向で定義する．銅などの導線内の電流は負電荷をもつ自由に動

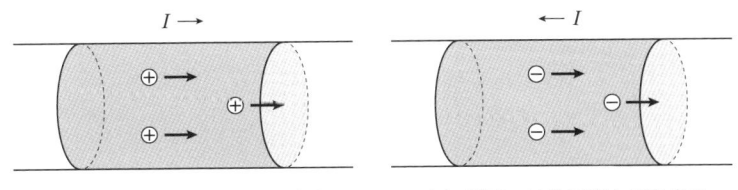

(a) 電流 I は正電荷と同じ向き　　(b) 電流 I は負電荷と反対向き

図 2.2　電流 I の向きと電荷の向き

ける電子（これを**自由電子**という）の運動だから，電流の向きは図 2.2(b) のように電子の向きと反対になる．

[例題 2.1] 電流の大きさ

導線内のある断面を，毎秒 $n = 3 \times 10^{12}$ 個の電子が通過している．このときの電流 I を求めなさい．ただし，電子の電荷は $e = -1.6 \times 10^{-19}$ C である．

[解]　この断面を毎秒通過する電荷 q は $q = -en = (1.6 \times 10^{-19}) \times (3 \times 10^{12}) = 4.8 \times 10^{-7}$ C/s である．電流の定義から，1 秒間に I [C] の電荷が流れるときが I [A] である．したがって，電流は $I = 480 \times 10^{-9} = 480$ nA となる．

起電力 —電位差—

導体内に電流を流し続けるためには，導線内の電位差を一定に保たなければならない．このための装置が**電源**である．電源には電池（化学電池，太陽電池，燃料電池）や発電機などがある．電源の役目は，電荷を電気力に逆らって，電位の低いところから高いところへ移すポンプのようなものである．このポンプのおかげで，電荷は位置エネルギー（電位）を得て，導線内を動き続けるのである．

このように電源がつくる電位差は電流の駆動力となるので，**起電力**あるいは **emf**（イーエムエフ：electromotive force の略）とよばれている．電源の

起電力は電位差であるから,本書ではこれを記号 V で表す.起電力の単位はボルト（V）である.ちなみに,電位差は力と無関係な量だから,起電力という用語は正確さを欠くが,これは歴史的ないきさつのためである.

自由電子のドリフト速度

金属のような導体内には,自由電子がたくさん存在する.これらの電子を供給する原子は,電子を手放すと同時に正イオンに変わる.正イオンは金属の結晶格子の位置に固定されているが,金属内に電場がかかっていなくても,自由電子は 10^6 m/s 程度の速度で正イオンの間をランダムに動いている（この運動の起源は量子力学で説明されるものであるから,ここでは立ち入らない）.しかしこの場合は,図 2.3(a) のように,正イオンとランダムに衝突を繰り返すばかりで,自由電子の平均的な速度はゼロになる.したがって,外部から電場をかけない限り電流は流れない.

そこで,電源につないで,図 2.3(b) のように金属内に電場 E をかけたと

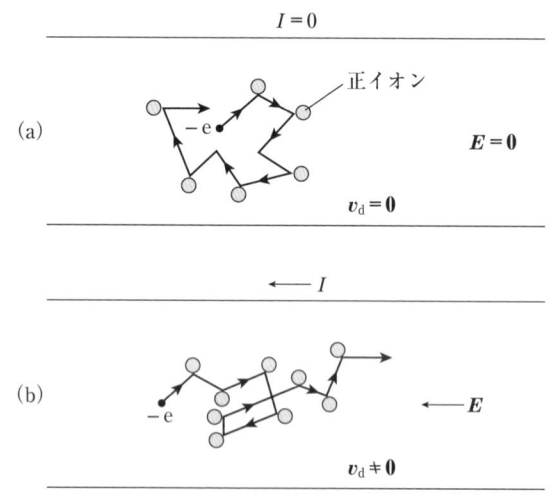

図 2.3 導体内の電子の動き
（a）電場がないと,電子はランダムに動いて,ドリフト速度はゼロ.
（b）電場があると,電子はドリフト速度をもつ.

2.1 電流

しよう．このときも，自由電子は正イオンと衝突や散乱を繰り返すが，この電場の力によって平均的な速度 v_d で移動していく．その結果，導線の中を一定の大きさと速さをもつ電流が流れることになる．この平均的な速度 v_d のことを**ドリフト速度**とよび，電場 E に比例する．ちなみに，ドリフトとは"漂う"という意味である．

ドリフト速度と伝導電流

導体内の自由電子による電流のことを，**伝導電流**という．図 2.1 の導線（断面積 A）を使って，ドリフト速度と伝導電流の関係を求めてみよう．

いま，図 2.1 の灰色の領域の長さを Δx とすれば，その体積は $A\Delta x$ である．この体積内に含まれる電子の数 N は，体積 $A\Delta x$ と単位体積当たりの電子数 n の積だから，$N = nA\Delta x$ である．電子の電荷 q と N の積が，この領域内に含まれる電荷（Δq とする）だから $\Delta q = qN = qnA\Delta x$ である．

一方，自由電子は速さ v_d で運動しているから，時間 Δt の間に電荷 Δq が移動する距離は $\Delta x = v_d \Delta t$ である．したがって，Δq は $\Delta q = (qnA)(v_d \Delta t) = nqv_d A \Delta t$ となるから，伝導電流 I は (2.1) の定義より

$$I = \frac{\Delta q}{\Delta t} = nqv_d A \qquad (q = -e) \tag{2.5}$$

で与えられる．右辺はマイナスになるが，これは電子の移動の向きと電流の向きが反対であることを意味する．

(参考) ドリフト速度の値

ドリフト速度は，毎秒 0.1 mm～0.01 mm 程度でとても小さい（演習問題 [2.1] を参照）．このような遅い速度では，導体内を 1 m 動くのに 1 時間以上かかることになる．そのため，部屋のスイッチを入れたら，なぜ一瞬に電流が流れて電灯がつくのか不思議に思うかもしれない．すぐ点灯する理由は，実は，スイッチを入れた瞬間に電灯のフィラメントの中に電場が生じて，その中に存在する自由電子が動くためである．電場は光の速さ（10^8 m/s）で導体中を伝わり，その電気力が自由電子を動かして瞬時に電流を流すのである．

2.1.2 オームの法則とジュール熱

電流が流れるように，閉じた導線でつくった電流の通路を**電気回路**または**回路**という．回路の電源と電流の間には次の関係が成り立つ．

オームの法則

導体内に電位差（電圧）V があるとき，導体を流れる電流 I と V の間に

$$V = RI \tag{2.6}$$

という比例関係が，ほとんどの導体に対して成り立つ．この比例関係はドイツの物理学者オームが実験的に見つけたので，**オームの法則**とよばれている（1827 年）．この法則から，V が同じならば，比例定数 R の値が大きいほど I は小さくなることがわかる．つまり，R は電流が流れにくくなる目安を与える．このため，R を**電気抵抗**あるいは単に**抵抗**とよぶ．オームの法則から，抵抗値 R をもつ抵抗器（略して，抵抗 R という）に電流 I を流すと，図 2.4 のように電流の向きに電位が RI だけ下がる．これを抵抗 R による**電圧降下**という．

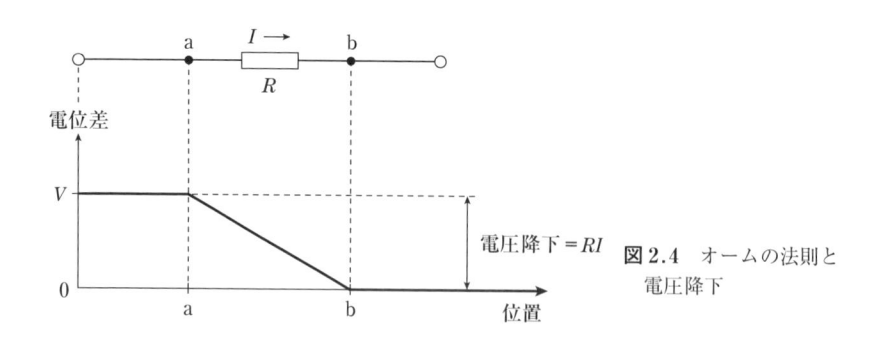

図 2.4 オームの法則と電圧降下

抵抗の単位 $\Omega = \mathrm{V/A}$ オームの法則 (2.6) から，抵抗は電位差 (V) ÷ 電流 (A) だから，抵抗の単位は V/A である．これをオーム (Ω) とよび，$1\,\Omega = 1\,\mathrm{V/A}$ である．つまり，1 A の電流が 1 V の電圧降下を起こす場合の抵抗が 1 Ω である．なお，単位の呼称はオームの名に由来する．

抵抗率（比抵抗）

長さ l の導線の断面（断面積 A）が一様で均質な場合，抵抗 R は

$$R = \rho \frac{l}{A} \tag{2.7}$$

のように，長さ l に比例し断面積 A に反比例する．この式で，$l = 1\,\text{m}$，$A = 1\,\text{m}^2$ とおけば $R = \rho$ なので，比例定数 ρ は単位断面積と単位長さをもつ導体の抵抗を表す．この ρ を**抵抗率**あるいは**比抵抗**とよぶ．なお，抵抗 R は導体の形状（l や A）に依存する量であるが，ρ は形状に無関係で，導体の種類と温度だけに依存する（演習問題 [2.2] を参照）．

電気伝導率

オームの法則 (2.6) は，(2.7) の ρ と電流密度 $J = I/A$ を使って書き換えると

$$V = \rho J l \tag{2.8}$$

となる．長さ l のまっすぐな導線部分に生じる電位差 V は，導線内の一様な電場 E と l の積 $V = El$ で与えられる（(1.50) を参照）から，(2.8) は

$$E = \rho J \tag{2.9}$$

となる．電流密度 J は一般に場所によって向きも異なるので，ベクトル $\boldsymbol{J}$ で表される量である．したがって，(2.9) のベクトル表現は

$$\boldsymbol{J} = \frac{1}{\rho}\boldsymbol{E} \equiv \sigma\boldsymbol{E} \tag{2.10}$$

となる．ここで，σ は**電気伝導率**とよばれる量で，比抵抗 ρ の逆数で定義される．(2.9) と (2.10) は物質の形状を含まない表現なので，**一般化されたオームの法則**とよばれ，非定常電流の場合でも成り立つ式である．

[例題 2.2] 導線の抵抗

長さ $l = 1\,\text{m}$，断面積 $A = 10^{-4}\,\text{m}^2$ のタングステンの導線の抵抗 R を求めなさい．ただし，抵抗率は $\rho = 5.6 \times 10^{-8}\,\Omega \cdot \text{m}$ である．

[解] 抵抗の式 (2.7) に数値を代入すれば，$R = \rho l/A = (5.6 \times 10^{-8}) \times 1/10^{-4} = 5.6 \times 10^{-4}\,\Omega$ となる．

(参考) 感電

感電のショックは体を流れる電流 I の量で決まる．体の抵抗値を R とすると，I はオームの法則より $I = V/R$ である．体の大部分は水分であるから，R は皮膚の抵抗値でほぼ決まる．そして，R の値は皮膚の乾燥状態によって大きく変わる．

乾いた体は 500 kΩ 程度の高い抵抗をもっているので，100 V の電圧の電源によって流れる電流は 0.0002 A（= 0.2 mA）である．危険が生じるのは，皮膚が湿っていたり濡れているときである．もし体の抵抗が 100 Ω 程度にまで低下すると，1 A の電流が流れることになる．感電による死傷は皮膚が濡れているときに起こるので，ヘアドライヤーのような電気器具を浴室で使うときは十分な注意が必要である．なお感電のショック度と電流の目安は，1.0 mA で軽いショック，10 mA で筋肉のまひ，20 mA で呼吸停止，1 A でほぼ即死である．

ジュール熱 —電力—

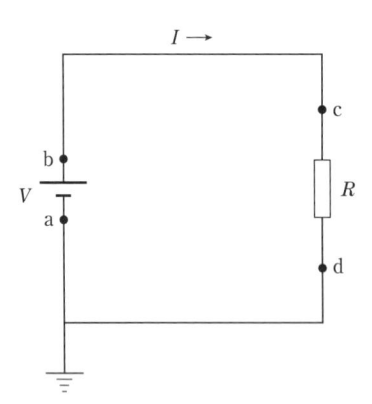

回路に電流を通すと，回路の抵抗部分が熱くなる．この発熱は，当然，電源の仕事から生じたものである．そこで，この現象を図 2.5 のような回路で考えてみよう．電源の起電力は V で，回路に電流 I が流れているものとする．いま，時間 Δt の間に導線内を移動（b→c→d→a）する電荷 Δq は $\Delta q = I\,\Delta t$

図 2.5 ジュール熱とオームの法則

であるから，電流がする仕事 ΔW は（1.47）から

$$\Delta W = V \Delta q = VI \Delta t \tag{2.11}$$

である．この ΔW を Δt で割った量が，電流による仕事率（単位時間当たりの仕事）P なので

$$\boxed{P = \frac{\Delta W}{\Delta t} = VI} \tag{2.12}$$

である．この仕事率 P を**電力**あるいは**パワー**とよぶ．この電力が回路の抵抗部分（c→d）で，熱量 Q_J の熱に変わるので

$$\boxed{Q_J = P = VI = RI^2} \tag{2.13}$$

となる．ここで，最右辺は V にオームの法則 $V = RI$ を代入したものである．

電流による発熱量が，電流の2乗と抵抗に比例することを実験的に見つけたのは，イギリスの物理学者ジュールである（1840年）．このため，この熱量 Q_J を**ジュール熱**とよぶ．また，ジュール熱を **RI^2 損失**や**ジュール熱損失**ともよぶ（4.4.2項の「変圧器」を参照）．要するに，ジュール熱とは電流の電気エネルギーが熱エネルギーに転化したものである．もちろん，電流の電力 P は図2.5の電源による仕事（電池の化学エネルギー），つまり，電荷を電気力に逆らって負極から正極まで移動（a→b）させる仕事から生まれたものである．このように，回路の電池から抵抗器までの間に現れるエネルギーの形態は異なっていても，エネルギーの保存則が成り立っていることを（2.13）は表している．

ちなみに，(2.13) は，オームの法則 $V = RI$ の両辺に電流 I を掛けた

$$VI = RI^2 \tag{2.14}$$

と同じものであるから，オームの法則はエネルギー保存則の別表現であると考えてよい．なお，ジュール熱損失による発熱効果は，電気ストーブ，電熱器，ヘアドライヤーなどに使われる．これらの器具には，RI^2 損失を大きくするために，大きな電流が流れるように抵抗値が小さな発熱コイルが使われ

ている（［例題 2.3］を参照）．

電力の単位 W = J/s = V·A　電力の定義 (2.12) の右辺は，分子が仕事 (J) で分母が時間 (s) だから，単位は J/s である．これをワット (W) とよび，1 W = 1 J/s である．電力は単位時間当たりの仕事であるから，力学でいう仕事率に当たる．なお，熱の単位にカロリー (cal) を使うときには，1 cal ≒ 4.2 J である．

［例題 2.3］電気ヒーター

抵抗 $R = 10\,\Omega$ のニクロム線を使って，電気ヒーターをつくる．電源は $V = 100\,\text{V}$ の直流であるとして，発生するジュール熱 Q_J を求めなさい．また，V を 2 倍にすると，Q_J は何倍になるかを答えなさい．

［解］ ヒーターを流れる電流 I はオームの法則 $V = IR$ より $I = V/R = 100/10 = 10\,\text{A}$ である．したがって，ニクロム線から発生するジュール熱は，(2.13) より $Q_J = RI^2 = 10 \times 10^2 = 1000\,\text{W}$ となる．V を 2 倍にすると I も 2 倍になるので，Q_J は 4 倍になる．

（参考）電力量

電気のエネルギー消費量は，(2.12) の電力 P と使用時間 t との積

$$H = Pt \tag{2.15}$$

で与えられる．この H を**電力量**という．P は電流の仕事率だから，H は電流による仕事である．電力量の単位はワット時 (W·h) = 電力 (W) × 時間 (h) であるが，実用上，1 kW の電力が 1 時間にする仕事の 1 キロワット時 (kW·h) を使う．1 kW·h = 1000 W × 3600 s = 3.6×10^6 J である．ちなみに，電気料金は電力量に 1 kW·h の単価を掛けた値である．

2.2　定常電流とキルヒホッフの法則

回路を流れる電流の値は，オームの法則で求まる．しかし，複雑な回路（例えば，複数のループをもつような回路）の場合には，オームの法則を一般化した次の法則で求める方が簡単である．

キルヒホッフの第1法則

定常電流は，回路の途中で増減することなく常に一定量である．そのため，図 2.6 (a) のように，回路内の分岐点に入る電流の和 $I_1 + I_2$ は，そこから出る電流 I_3 と同量で，$I_1 + I_2 = I_3$ が成り立つ．これを一般化すれば，任意の分岐点で，流れ込む電流 I_p の和と流れ出す電流 I_q の和の間には

$$\sum_p I_p = \sum_q I_q \qquad (p, q = 1, 2, \cdots) \tag{2.16}$$

という**キルヒホッフの第 1 法則**が成り立つ．(2.16) は回路の途中で電荷の生成や消滅がないことを意味するから，キルヒホッフの第 1 法則は**電荷の保存則**の別表現でもある．

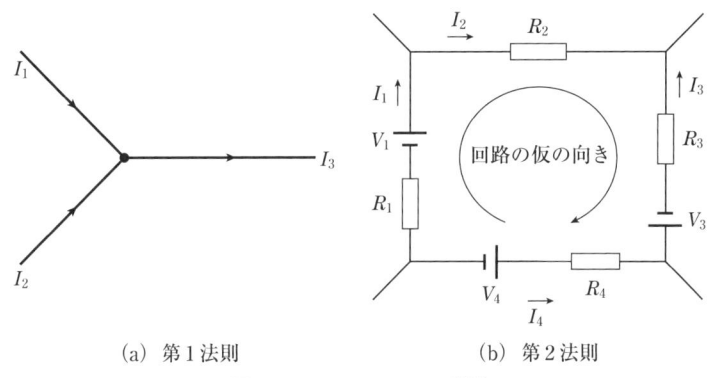

(a) 第 1 法則　　　　(b) 第 2 法則

図 2.6 キルヒホッフの法則

キルヒホッフの第2法則

回路網の中の任意の 1 つの閉じた回路を選び，図 2.6(b) のように，その回路を 1 周する向きを決める．これを「回路の仮の向き」とよぶことにすれば，これには時計回りと反時計回りの 2 通りがある．初めに「回路の仮の向き」を適当にどちらかに決め，回路内のある点を始点にして起電力 V と電圧降下 RI の和をとりながら 1 周すれば，終点の電位は始点の電位と一致する．したがって，この回路の起電力と電圧降下の総和の間には

$$\sum_k V_k = \sum_k R_k I_k \tag{2.17}$$

という，**キルヒホッフの第2法則**が成り立つ．これはオームの法則を一般化した関係なので，これもエネルギーの保存則を表している．ここで，(2.17) の I_k と V_k の符号は，それぞれ次のように「回路の仮の向き」との相対的な関係で決める．

規則1　電流の符号は，回路に描いた電流の向きが「回路の仮の向き」と同じならば正，反対ならば負とする．

規則2　電池の起電力の符号は，回路に描いた起電力の向き（電池の負極から正極への向き）が「回路の仮の向き」と同じならば正，反対ならば負とする．

このようにして，回路図に描いた電流と起電力の符号を「回路の仮の向き」を基準にして決める．図 2.6(b) の場合，(2.17) は $V_1 + V_3 - V_4 = R_1 I_1 + R_2 I_2 - R_3 I_3 - R_4 I_4$ となる．(2.16) と (2.17) から計算した電流の値が正であれば，図に描いた電流の向きは正しかったことになる．もし，電流の値が負であれば，図とは逆向きに流れていることになる（[例題 2.4] を参照）．

[例題 2.4] 回路の電流と消費電力

図 2.7 のように，抵抗を挟んで同じ極側をつないだ2つの電池から成る回路がある．「回路の仮の向き」を時計回りにとり，電流 I も同じ向きに流れているとする．抵抗の値は $R_1 = 9\,\Omega$ と $R_2 = 11\,\Omega$ で，電池の起電力の値は $V_1 = 2\,\mathrm{V}$ と $V_2 = 22\,\mathrm{V}$ である．

（1）回路を流れる電流 I を (2.17) から求めなさい．

（2）抵抗 R_1 と R_2 で消費される電力（P_1 と P_2）と2つの電池の電力を計算して，エネルギーが保存していることを確かめなさい．

（3）電流 I の向きを，「回路の仮の向き」と反対にとって，もう一度（1）と（2）の問に答えなさい．

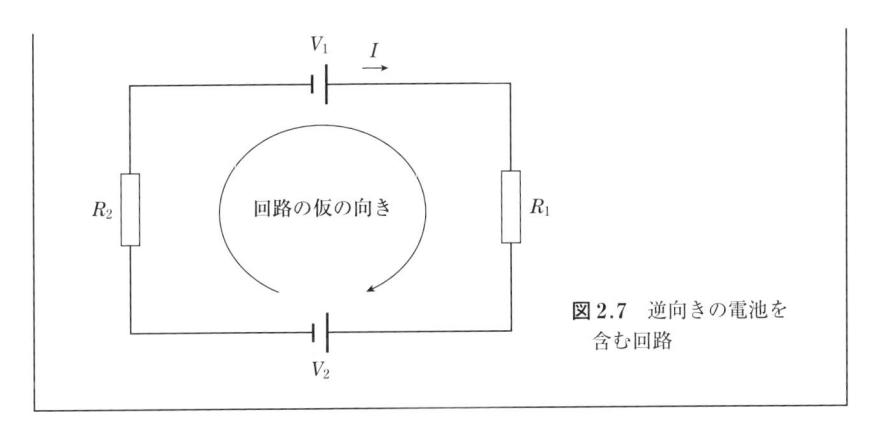

2.2 定常電流とキルヒホッフの法則

図 2.7 逆向きの電池を含む回路

[解] （1） キルヒホッフの第 2 法則（2.17）は
$$V_1 - V_2 = R_1 I + R_2 I \tag{2.18}$$
となるので，電流は $I = (V_1 - V_2)/(R_1 + R_2) = (2 - 22)/(9 + 11) = -1\,\text{A}$ のように求まる．I の値が負なので，実際に流れる電流の向きは図とは逆の反時計回りであることがわかる．

（2） (2.18) を $-V_2 = -V_1 + R_1 I + R_2 I$ と書き換えて，両辺に電流 I を掛けると電力（仕事率）の式になる（(2.14) を参照）．電力の式の右辺に数値を代入すれば
$$-IV_2 = -IV_1 + (R_1 + R_2)I^2 = -(-1) \times 2 + (-1)^2 \times (9 + 11) = 22\,\text{W} \tag{2.19}$$
を得る．(2.19) の左辺は $V_2 = 22\,\text{V}$ の電池の電力で，$-IV_2 = -(-1) \times 22 = 22\,\text{W}$ である．したがって，このうちの 2 W が (2.19) より，電池 $V_1 = 2\,\text{V}$ の充電（$-IV_1 = 2$）に使われ，そして，残りの 20 W が 2 つの抵抗のジュール熱（$R_1 I^2 = 9$ と $R_2 I^2 = 11$）に使われていることがわかる（演習問題 [2.3] を参照）．

（3） 電流の向きを「回路の仮の向き」とは逆の反時計回りにとれば，キルヒホッフの第 2 法則は
$$V_1 - V_2 = -R_1 I - R_2 I \tag{2.20}$$
となる．(2.20) に数値を代入すれば，電流は $I = +1$ となり，(1) の $I = -1$ と符号が変わる．I の値が正なので，選んだ電流の向きが正しかったことになる．(2.20) を $V_2 = V_1 + R_1 I + R_2 I$ と書き換え，両辺に I を掛けて，$I = +1$ を代入すれば，(2.19) と同じ結果になる．したがって，電流の向きを変えても (2) の結論は変わらない．

抵抗の接続

直列接続 —抵抗に同じ電流が流れるつなぎ方—

図 2.8(a) のように，抵抗 R_1 と抵抗 R_2 を直列につなぐと，これは

$$\boxed{R = R_1 + R_2} \tag{2.21}$$

の抵抗 R と同じもの（等価）である．

この関係式は，2 つの抵抗 R_1 と R_2 に流れる電流 I は同じであるから，それらの両端電圧（$V_1 = R_1 I$ と $V_2 = R_2 I$）の合計 $V_1 + V_2 = R_1 I + R_2 I$ が，等価な抵抗 R の両端電圧 $V = RI$ に等しい（$RI = (R_1 + R_2)I$）ことから求まる．抵抗の数を N 個にした場合，(2.21) は $R = R_1 + R_2 + \cdots + R_N$ となる．換言すれば，この関係式はキルヒホッフの第 2 法則（$RI = \sum_i R_i I$）の別表現である．

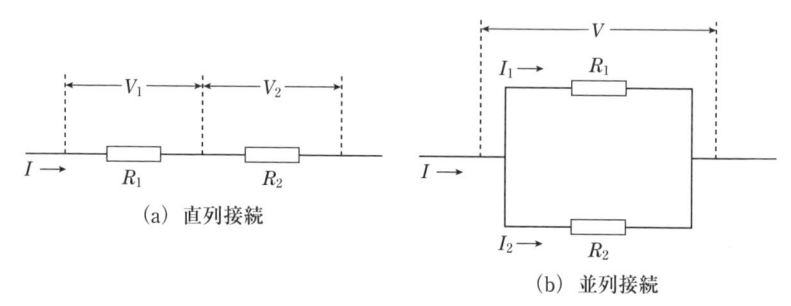

(a) 直列接続

(b) 並列接続

図 2.8 抵抗の接続

並列接続 —抵抗に同じ電圧がかかるつなぎ方—

図 2.8(b) のように，抵抗 R_1 と抵抗 R_2 を並列につなぐと，これは

$$\boxed{\frac{1}{R} = \frac{1}{R_1} + \frac{1}{R_2}} \tag{2.22}$$

の抵抗 R と同じもの（等価）である．

この関係式は，2 つの抵抗 R_1 と R_2 の両端電圧 V は同じであるから，これらに流れる電流（$I_1 = V/R_1$ と $I_2 = V/R_2$）の合計 $I_1 + I_2 = V/R_1 + V/R_2$ が，

等価な抵抗 R に流れる電流 $I = V/R$ に等しい（$V/R = V/R_1 + V/R_2$）ことから求まる．抵抗の数を N 個にした場合，(2.22) は $1/R = 1/R_1 + 1/R_2 + \cdots + 1/R_N$ となる．換言すれば，この関係式はキルヒホッフの第 1 法則（$I = \sum_i I_i$）の別表現である．

2.3 定常電流による磁気作用

磁気現象とは磁石のような物質が鉄を引きつける現象で，紀元前 800 年の頃にはすでにギリシャ人たちに知られていた．その後，磁石が南北方向を指すことや，磁石には S 極と N 極の 2 種類の**磁極**があることなどが，13 世紀頃までに広く知られるようになった．磁極は互いに力をおよぼし合うが，その力の性質は正負の電荷の場合と同じように，同種の極は反発し合い，異種の極は互いに引き合う．つまり，電荷の間に電気力がはたらくように，磁極の間には**磁気力**がはたらく．また，電気力に電場 E がともなうように，磁気力には**磁場** B（厳密には**磁束密度**とよばれる量）がともなう．（磁場と磁気力の関係は，3.1 節の「ローレンツ力」のところで述べる．）特に，時間的に変化しない磁場を**静磁場**という．

長い間，磁気現象は電気現象と独立なものだと考えられてきた．しかし，そうではないことを示す現象を，デンマークの科学者エルステッドが発見した（1819 年）．彼はボルタ電池を使って，図 2.9 のようにまっすぐな導線に定常電流を流しているときに，導線のそばにあったコンパスの磁針が振れることに気づいた．これが，電流の磁気作用を発見した瞬間である．電流 I の流れる導線の周りに同心円状の静磁場がつくられ，その大きさ B は

$$B \propto \frac{I}{r} \tag{2.23}$$

のように，電流 I に比例し，同心円の半径 r に反比例することがわかった．また，I と B の向きは，右ネジの規則に従うこともわかった．

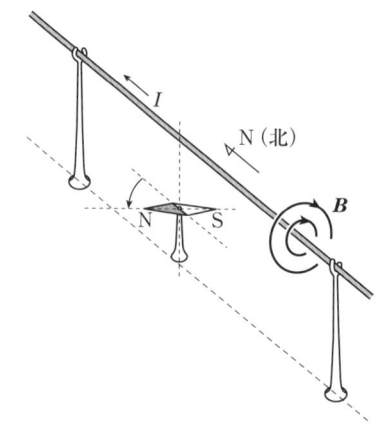

図 2.9 エルステッドの実験．定常電流 I を南から北に流すと，導線の下のコンパスの針は図のように振れて静止する．

エルステッドによる磁気作用の発見に端を発して，電気と磁気の関係を追求する研究は 19 世紀に盛んになった．この頃に，このような研究が進んだ背景には，イタリアの物理学者ボルタによる電池の発明がある（1799 年）．このボルタ電池のおかげで，強い電流を安定的につくることができるようになり，定常電流を用いて電気に関する様々な実験が行なえるようになった．そして，ビオ–サバールの法則やアンペールの法則の発見につながっていった．

2.3.1　ビオ–サバールの法則

エルステッドの発見に触発されたフランスのビオとサバールは，直線以外の様々な形状の導線を使って，そこを流れる電流がつくる磁場を実験的に調べた（1820 年）．その結果，次の (2.24) と (2.25) で表される実験式（経験則ともいう）を見いだした．これを**ビオ–サバールの法則**という．

いま，定常電流 I が，図 2.10(a) のような平面 S にある曲線状の導線を流れているとする．このとき導線の微小部分 dl を流れる電流 $I\,dl$（これを**電流要素**という）が，距離 r の点 P あるいは点 P′ につくる磁場の大きさ dB は

$$dB = \frac{\mu_0}{4\pi} \frac{I\,dl}{r^2} \sin\theta \qquad (2.24)$$

で決まる．ここで，θ は電流要素 $I\,dl$ と r の成す角である．磁場の方向は平

2.3 定常電流による磁気作用

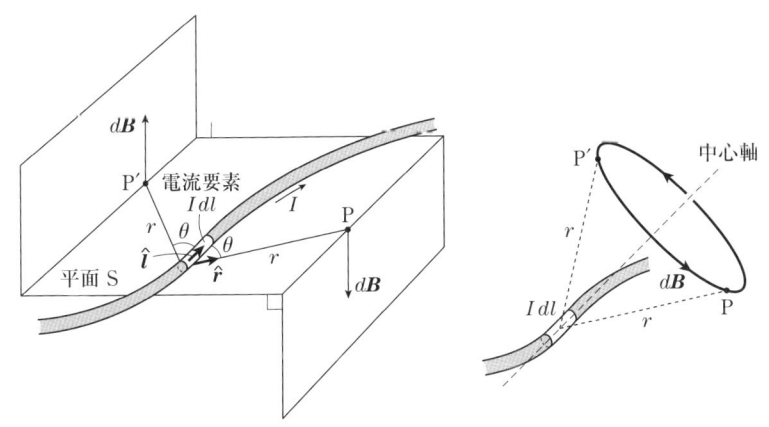

(a) 平面S上の曲がった導線の周りの磁場　　(b) 電流要素 Idl による磁力線

図 2.10　ビオ－サバールの法則

面Sに垂直で，その向きは図 2.10(a) に示す向き（つまり，I と dB は右ネジの関係）なので，磁場 dB は**ベクトル積**（**外積**ともいう）を用いて

$$dB = \frac{\mu_0}{4\pi} \frac{Idl\,\hat{\boldsymbol{l}} \times \hat{\boldsymbol{r}}}{r^2} = \frac{\mu_0}{4\pi} \frac{Id\boldsymbol{l} \times \hat{\boldsymbol{r}}}{r^2} \tag{2.25}$$

で与えられる．ここで，$\hat{\boldsymbol{r}}$ は r 方向の単位ベクトルであり，$d\boldsymbol{l}$ は dl と dl の方向の単位ベクトル $\hat{\boldsymbol{l}}$ との積（$d\boldsymbol{l} = dl\,\hat{\boldsymbol{l}}$）である．

比例定数の値は

$$\frac{\mu_0}{4\pi} = 1 \times 10^{-7}\,\mathrm{Wb/(A \cdot m)} \tag{2.26}$$

である．この μ_0 は**真空の透磁率**という量で，(2.26) から

$$\mu_0 = 4\pi \times 10^{-7}\,\mathrm{Wb/(A \cdot m)} \tag{2.27}$$

である．

　観測点 P あるいは点 P′ で実際に測定できる磁場の大きさ B は，導線の各点での電流要素 Idl が点 P や点 P′ につくる磁場 dB を足し合わせたもので

ある.このため,磁場 $\boldsymbol{B}$ の大きさ B は (2.24) を導線に沿って積分した

$$B = \int dB = \frac{\mu_0 I}{4\pi} \int \frac{\sin\theta}{r^2} dl \qquad (2.28)$$

で与えられる.

ビオ – サバールの法則は,電場に対するクーロンの法則 (1.11) に対応するもので,2つを比較すれば,磁場の源の電流要素 $I\,dl$ が電場の源の点電荷 q に対応することがわかる.そして,距離 r の点における電場や磁場の大きさは,ともに源から r^2 で減衰する.しかし,電場の向きが $\hat{\boldsymbol{r}}$ であるのに対して,磁場の向きは $d\boldsymbol{l} \times \hat{\boldsymbol{r}}$ であるところが大きく異なっている.

磁場の単位 T = Wb/m^2 = N/(A·m)　　磁場の単位は,第 3 章の (3.1) を使って定義するから,解説はそこで行なう.T はテスラ,Wb は磁束の単位でウェーバーとよぶ.

磁力線

図 2.10(a) の 2 点 (P と P') は電流要素 $I\,dl$ から等距離にある点であるが,空間は等方的(特別な方向がない)なので,このような点は図 2.10(b) のように dl を延長した線を中心軸とする円上のどこにあってもよい.そのため,dB を連ねた線は円になる.ビオ – サバールの法則は,どのような形の導線でも,そこを流れる定常電流はこの円のような磁場の閉曲線をつくることを述べている.

このような,磁場を連ねてできた線(常に閉曲線であるが)のことを**磁力線**という.磁力線の接線は,その場所での磁場の向きを与える.なお,磁力線は連続な閉曲線であるから,静電場の電気力線とは全く異なる構造をしている.この違いから,磁場のガウスの法則は電場のガウスの法則とは本質的に異なった特徴をもつことを 2.7 節で述べる.

2.3.2　磁場の計算法

ビオ – サバールの法則を表す式 (2.25) はベクトルを使った表記であるか

ら，これを成分で書けば，3つの式になる．そのため，導線の形状や配置に対する制限（対称性のような条件）を課さなくても，磁場 B の計算は原理的に可能である．つまり，初等的な関数を使って解析的に解けない場合でも，計算機で数値的に解くことができる．しかし，ここではビオ－サバールの法則の計算法を理解するために，簡単な形状（円や直線）の導線に適用してみよう．

（1） 円電流がつくる磁場

図 2.11(a) のように，原点 O を中心とする半径 a の円形の導線に電流 I（これを円電流とよぶ）を流すと，電流の周りに同心円状の磁場ができる．z 軸の原点を円電流の中心にとったとき，この円電流が z 軸上の位置 z の点 P につくる磁場の大きさ B は

$$B(z) = \frac{\mu_0 I a^2}{2r^3} = \frac{\mu_0 I a^2}{2(a^2+z^2)^{3/2}} \quad （中心軸上の位置 z で）$$

(2.29)

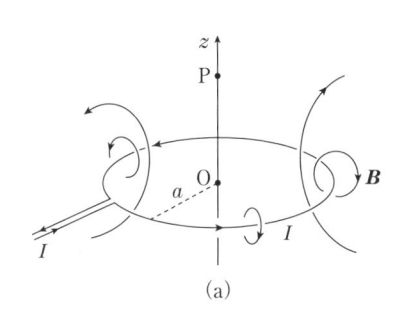

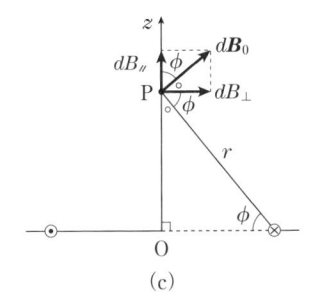

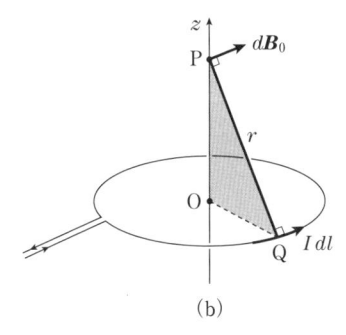

図 2.11 円電流
(a) 円電流 I による磁場 B
(b) 電流要素 $I\,dl$ が z 軸上の点 P につくる磁場 $d\boldsymbol{B}_0$
(c) 円電流を真横から見たときの点 P の磁場とその成分

$$B(0) = \frac{\mu_0 I}{2a} \quad (\text{中心軸上の原点 } z = 0 \text{ で}) \tag{2.30}$$

である（[例題 2.5] を参照）．

[例題 2.5] 円電流

（1） 点 P の磁場 $\boldsymbol{B}$ は z 軸に平行なことを，作図して確認しなさい．

（2） (2.29) をビオ - サバールの法則 (2.28) から示しなさい．

（3） $I = 2.5$ A，巻数 $n = 2$ の場合，中心磁場が $B = 10\,\mu\text{T}$ となるように，(2.30) から半径 a を決めなさい．ただし，$\mu_0 = 4\pi \times 10^{-7}$ Wb/(A·m) とする．

[解] （1） 図 2.11(b) のように，円電流上に点 Q をとる．点 Q にある電流要素 $I\,dl$ が点 P につくる磁場 $d\boldsymbol{B}_0$ は，3 点 O，P，Q を含む平面内にある．そこで，図 2.11(c) のように，この平面の部分だけを考え，z 軸と $d\boldsymbol{B}_0$ の成す角を ϕ とする．そうすれば，磁場 $d\boldsymbol{B}_0$ は軸に平行な成分 $dB_{/\!/} = dB_0 \cos\phi$ と垂直な成分 $dB_\perp = dB_0 \sin\phi$ に分解できる．点 Q を円周上でひと周りさせると，垂直成分 $dB_\perp$ の総和はゼロになる．したがって，点 P における磁場 $d\boldsymbol{B}_0$ のうち，平行な成分 $dB_{/\!/}$ が磁場に寄与する．なお，$dB_{/\!/}$ の向きは電流 I の流れる方向と右ネジの関係にある．

（2） 点 P における磁場の大きさ $B(z)$ は，dB_0 を円電流の円周に沿って積分して得られる B_0 に $\cos\phi$ を掛けたものである．磁場 B_0 は (2.28) で $\theta = \pi/2$ を代入したものだから

$$B_0(z) = \frac{\mu_0 I}{4\pi r^2} \int_0^{2\pi a} dl = \frac{\mu_0 I a}{2r^2} \tag{2.31}$$

である．したがって，$B(z) = B_0 \cos\phi$ に $\cos\phi = a/r$ を代入すれば (2.29) になる（演習問題 [2.4] を参照）．

（3） (2.30) は巻数 $n = 1$ の結果だから，I を nI に変えれば巻数 n の磁場になる．したがって，$a = \mu_0 nI/2B(0) = (4\pi \times 10^{-7}) \times 2 \times 2.5/\{2 \times (10 \times 10^{-6})\} = 0.1\pi = 0.314$ m である．

（2） 直線電流がつくる磁場

図 2.12(a) のように，x 軸方向に張った直線の導線に電流 I（これを直線電流とよぶ）を流すと，同心円状の磁場 $\boldsymbol{B}$ ができる．いま，この直線電流が

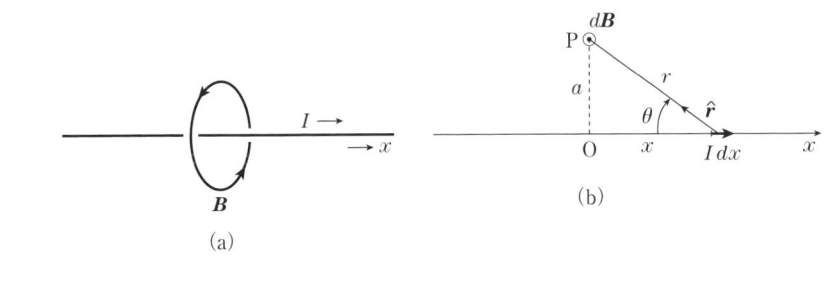

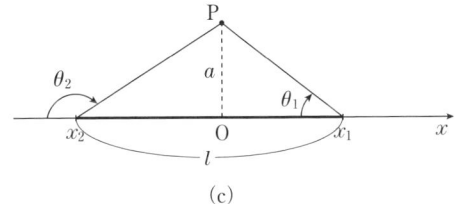

2.3 定常電流による磁気作用　　71

図 2.12 直線電流
(a) 直線電流 I による磁場 B
(b) 電流要素 Idx が点 P につくる磁場 dB
(c) 直線電流の長さ l を決める角度

非常に長ければ，直線電流から距離 a の点 P での磁場の大きさは

$$B = \frac{\mu_0 I}{2\pi a} \tag{2.32}$$

で与えられる．これがエルステッドの実験結果(2.23)の厳密な表式に当たる．

[例題 2.6] 直線電流

図 2.12(b) のように，点 P と電流要素 Idx の関係を決める．

（1）長さ $l = x_1 - x_2$ の導線は，図 2.12(c) のような角度を使って指定できる．この長さ l の直線電流が点 P につくる磁場は

$$B = \frac{\mu_0 I}{4\pi a}(\cos\theta_1 - \cos\theta_2) \tag{2.33}$$

となることを示しなさい．

（2）導線が無限に長い場合，点 P の磁場は (2.32) となることを示しなさい．

（3）$I = 0.5$ A, $a = 10$ cm として磁場 B を(2.32)から求めなさい．ただし，$\mu_0 = 4\pi \times 10^{-7}$ Wb/(A·m) とする．

[**解**] （1） 図2.12(b)のように，電流要素 $I\,dx$ が（2.24）の $I\,dl$ だから，点Pの磁場は（2.28）より

$$B = \frac{\mu_0 I}{4\pi}\int_{x_2}^{x_1} \frac{\sin\theta}{r^2}dx \tag{2.34}$$

である．ただし，$r = \sqrt{a^2 + x^2}$ である．

変数 r と x は，図2.11(b)からわかるように，$\sin\theta = a/r$ と $\tan\theta = a/x$ であるから，r と x は

$$r = \frac{a}{\sin\theta}, \qquad x = \frac{a}{\tan\theta} \tag{2.35}$$

のように θ で表すことができる．この x を θ で微分すると $dx/d\theta = -a/\sin^2\theta$ であるから，これを $dx = -(a/\sin^2\theta)\,d\theta$ と変形する．この $\sin\theta$ を $\sin\theta = a/r$ で書き換えれば

$$dx = -\frac{r^2}{a}d\theta \tag{2.36}$$

のように，dx を $d\theta$ で表すことができる．したがって，（2.34）は θ に関する積分になるので，図2.12(c)に示した角度の範囲で計算すれば

$$\begin{aligned}B &= \frac{\mu_0 I}{4\pi a}\int_{\theta_2}^{\theta_1}(-\sin\theta)\,d\theta \\ &= \frac{\mu_0 I}{4\pi a}\Big[\cos\theta\Big]_{\theta=\theta_2}^{\theta=\theta_1}\end{aligned} \tag{2.37}$$

より（2.33）を得る（演習問題[2.5]を参照）．

（2） 無限に長い導線の場合，$x_1 = +\infty$ は $\theta_1 = 0$ に当たるから $\cos\theta_1 = 1$，$x_2 = -\infty$ は $\theta_2 = \pi$ に当たるから $\cos\theta_2 = -1$．したがって，$\cos\theta_1 - \cos\theta_2 = 2$ より（2.33）は（2.32）になる．

（3） （2.32）に $I = 0.5$ A，$a = 0.1$ m を代入すれば，$B = \mu_0 I/2\pi a = (4\pi \times 10^{-7}) \times 0.5/(2\pi \times 0.1) = 10 \times 10^{-7} = 1\,\mu\text{T}$ となる．

2.4 アンペールの法則

［例題2.6］で導いた，直線電流 I がつくる磁場 $B = \mu_0 I/2\pi a$ の意味，つまり（2.32）の意味を少し考えてみよう．$2\pi a$ は半径 a の円の円周だから，円（C_0 とする）に沿った線素を dl として

2.4 アンペールの法則

$$2\pi a = \int_0^{2\pi a} dl = \oint_{C_0} dl \tag{2.38}$$

のように表すことができる．最右辺の○印を付けた積分記号は，積分経路（いまは円になる）を1周するという数学記号である．そこで，(2.32) を

$$B \times 2\pi a = \mu_0 I \tag{2.39}$$

と変形すると，<u>左辺は</u>

$$B \times 2\pi a = B \oint_{C_0} dl = \oint_{C_0} B\, dl \tag{2.40}$$

のように書き換えることができる．B を積分の中に入れたのは，<u>B が C_0 上で一定（すなわち，定数）だからである</u>．ここで，磁場 $\boldsymbol{B}$ は円の接線方向の成分だけなので，$B\,dl = B\,dl\cos 0 = \boldsymbol{B}\cdot\hat{\boldsymbol{l}}\,dl = \boldsymbol{B}\cdot d\boldsymbol{l} = B_\mathrm{t}\,dl$ であることに注意すれば，(2.39) は

$$\oint_{C_0} B_\mathrm{t}\, dl = \oint_{C_0} \boldsymbol{B}\cdot d\boldsymbol{l} = \mu_0 I \tag{2.41}$$

と書ける．

ここで注目すべきことは，(2.41) の右辺が円 C_0 の半径 a にはよらないことである．つまり，<u>この結果は経路に関する情報を一切含んでいないので，どのような形状の経路でも，それを縁とする面を貫く定常電流に対して (2.41) が成り立つだろうと予想できる</u>．実際，この予想は正しく，これを一般的に表現したものが，フランスの科学者アンペールによって導かれた次の法則である（1820 年）．

アンペールの法則

ある面を定常電流が貫けば，その面の境界に沿って磁場が生じる．

この法則を式で書けば

$$\boxed{\oint_{C} B_\mathrm{t}\, dl = \oint_{C} \boldsymbol{B}(\boldsymbol{r})\cdot d\boldsymbol{l} = \mu_0 I_\mathrm{C}} \tag{2.42}$$

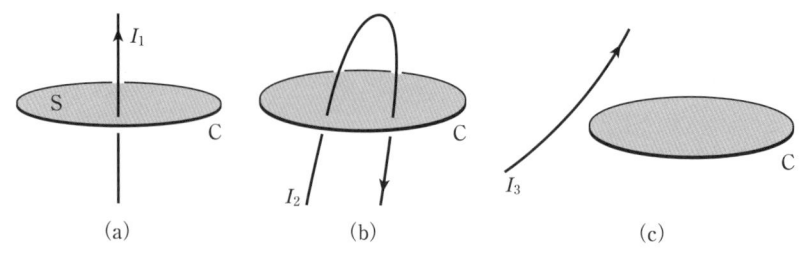

図 2.13 閉曲線 C に囲まれた面 S と電流
(a) 電流 I_1 は面を完全に貫いている.
(b) 電流 I_2 は面を 2 度通ってもとに戻るから,貫通していない.
(c) 電流 I_3 は面を通っていない.

である.I_C は C を境界(縁)とする任意の面を貫く定常電流の総量を表す.

例えば,図 2.13 のように,電流が 1 つだけの場合,図 2.13(a) の I_1 は面 S(簡単のために,平面とする)を貫いており($I_C = I_1$),図 2.13(b) の I_2 と図 2.13(c) の I_3 は貫いていないから $I_C = 0$ である.

図 2.14 のように,電流が複数 ($I_1, I_2, \cdots$) ある場合は,(2.42) の右辺の I_C は

$$I_C = n_1 I_1 + n_2 I_2 + \cdots = \sum_{k=1}^{N} n_k I_k \tag{2.43}$$

となる.ここで n_k は,閉曲線 C が k 番目の電流 I_k を何回巻いているかを表

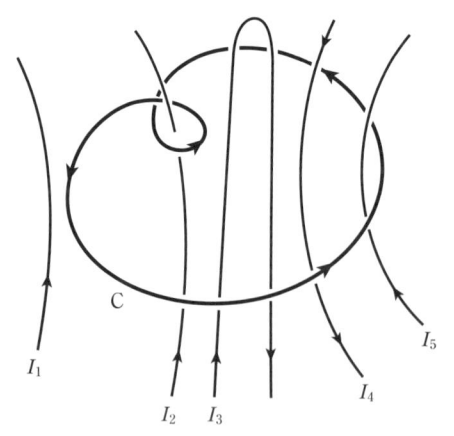

図 2.14 閉曲線 C と複数の電流

2.4 アンペールの法則

す数（$n_k = 0, \pm 1, \pm 2, \cdots$）である．Cと電流の向きが右ネジの関係にあるとき，n_k をプラスに数える．図 2.14 の場合，$n_1 = 0$, $n_2 = 2$, $n_3 = 0$, $n_4 = -1$, $n_5 = 1$ であるから，(2.43) は $I_\mathrm{C} = n_1 I_1 + n_2 I_2 + n_3 I_3 + n_4 I_4 + n_5 I_5 = 2I_2 - I_4 + I_5$ となる．なお，この法則の証明は付録Cで述べる．

アンペールの法則の適用

<u>アンペールの法則 (2.42) は式としては1つなので，これを用いて磁場が計算できるのは，電流分布に高い対称性がある場合だけである</u>．これは，ガウスの法則を使って電場を計算するときに，電荷分布に高い対称性を要求したのと同じ理由である．つまり，一般に磁場 $\boldsymbol{B}$ も 3 つの成分（例えば，B_x, B_y, B_z）をもつから，磁場の計算には 3 つの式が必要である．そのため，電場の計算のときにガウス面を考えたように，ここでも線積分を行なうスカラー積 $\boldsymbol{B} \cdot d\boldsymbol{l}$ の線積分から磁場の大きさ B が計算できるように，特別な経路をつくる必要がある．この経路のことを**アンペール・ループ**という．

（1） 直線電流のアンペール・ループ

図 2.15 のように，長い直線の導線（半径 a）内に定常電流 I を一様に流すと，アンペールの法則から導線の外部の磁場は

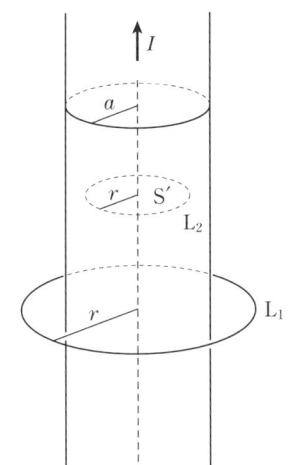

図 2.15 直線電流のアンペール・ループ L_1, L_2

$$B(r) = \frac{\mu_0 I}{2\pi r} \quad (導線の外部\ r > a) \tag{2.44}$$

のように r が大きくなるとともに減少し，導線の内部の磁場は

$$B(r) = \frac{\mu_0 I r}{2\pi a^2} \quad (導線の内部\ r < a) \tag{2.45}$$

のように r が大きくなるとともに増加することがわかる．

―[例題 2.7] 導線がつくる磁場 ―――――――――――――

（1） (2.44) と (2.45) をアンペールの法則 (2.42) から示しなさい．

（2） $a = 2.0\,\mathrm{cm}$ のとき，導線内部の位置 $r = a/2$ における磁場 B_1 と同じ値になる導線外部の位置 r_1 を求めなさい．

[解]（1） 磁場 $\boldsymbol{B}$ は，電流の周りで円を描くから，アンペール・ループ L は電流を中心にした同心円である．このループに線要素 $d\boldsymbol{l}$ は沿っているから，$\boldsymbol{B} \cdot d\boldsymbol{l} = B\,dl \cos 0 = B\,dl$ である．L の半径を r とすれば，アンペールの法則 (2.42) は

$$\oint_\mathrm{L} \boldsymbol{B} \cdot d\boldsymbol{l} = \oint_\mathrm{L} B\,dl = B \oint_\mathrm{L} dl = 2\pi r B = \mu_0 I_\mathrm{L} \tag{2.46}$$

となる．これらの式の途中で B を積分の外に出せるのは，B が L 上で一定（定数）だからである．したがって，半径 r の L 上の磁場は

$$B(r) = \frac{\mu_0 I_\mathrm{L}}{2\pi r} \quad (半径\ r\ のアンペール・ループ L で) \tag{2.47}$$

となる．

導線の外部 ($r > a$) のアンペール・ループ L_1 に囲まれた面内にある電流は I であるから，(2.47) で $I_\mathrm{L} = I$ とおけば，導線外部の磁場 (2.44) が求まる．ここで，(2.44) は [例題 2.6] の細い直線電流の結果 (2.32) と一致すること，そして，半径 a の円 C_0 がアンペール・ループに当たることに注意しよう．

導線の内部 ($r < a$) の磁場は，(2.47) の I_L をアンペール・ループ L_2 に囲まれた面内にある電流 I' に変えたもので与えられる．電流 I' は，L_2 の囲む面積 $S' = \pi r^2$ を通る電流だから，面積 S' に電流密度 $J = I/\pi a^2$ を掛けた $I' = S'J = I r^2/a^2$ である．$I_\mathrm{L} = I' = I r^2/a^2$ より (2.45) が求まる（演習問題 [2.6] を参照）．

（2）(2.45) から $B_1 = B(a/2) = \mu_0 I/4\pi a$ である．この値が (2.44) での $B(r_1)$ と等しいから，$r_1 = 2a$ という関係を得る．したがって，$r_1 = 4.0\,\mathrm{cm}$ となる．

（2）ソレノイドの磁場

　細長い円筒に沿って，導線をらせん状に密に巻いたものをコイルというが，非常に長いコイルのことを**ソレノイド**という．ソレノイドは電磁石などに使ったり，一様な磁場をつくるのに利用される．特に，円筒の半径が小さくて，無限に長いソレノイドを**理想的なソレノイド**という．

　単位長当たりの巻数が n の理想的なソレノイドに定常電流 I を流すと，ソレノイドの内部と外部の磁場は

$$B = \mu_0 nI \quad （ソレノイドの内部） \qquad (2.48)$$
$$B = 0 \qquad （ソレノイドの外部） \qquad (2.49)$$

となる（[例題 2.8] を参照）．

［例題 2.8］理想的なソレノイド内外での磁場

（1）(2.48) と (2.49) をアンペールの法則 (2.42) から示しなさい．

（2）巻数 $n = 1000$ で $B = 5\,\mathrm{T}$ の磁場をつくるのに必要な電流 I を計算しなさい．ただし，$\mu_0 = 4\pi \times 10^{-7}\,\mathrm{Wb/(A \cdot m)}$ とする．

［解］（1）磁場は電流に垂直だから，ソレノイド内外の磁場は軸に平行である．また，ソレノイドは無限に長いから，磁場は軸方向に一様である．そこで，図 2.16 のような長方形 abcd をアンペール・ループ L とすれば，アンペールの法則 (2.42) の左辺は

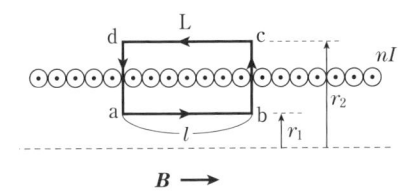

図 2.16　ソレノイドのアンペール・ループ

ソレノイドの内部と外部を含むアンペール・ループ L

$$\oint_L \boldsymbol{B}\cdot d\boldsymbol{l} = \int_a^b B\cos 0\, dl + \int_b^c B\cos\frac{\pi}{2}\, dl + \int_c^d B\cos\frac{2\pi}{2}\, dl + \int_d^a B\cos\frac{3\pi}{2}\, dl \tag{2.50}$$

である．L を貫く電流は nlI だから，アンペールの法則の右辺は $\mu_0 nlI$ である．したがって，(2.50) は

$$\int_a^b B(r_1)\, dl - \int_c^d B(r_2)\, dl = [B(r_1) - B(r_2)]l = \mu_0 nIl \tag{2.51}$$

となる．ソレノイドより十分に遠方の磁場はゼロのはずだから，r_2 を無限大にとれば $B(r_2) = 0$ である．したがって，(2.51) から

$$B(r_1) = \mu_0 nI \tag{2.52}$$

である．$B(r_1)$ はソレノイド内部であればどこでもよいから，r_1 によらない一定値をとるはずである．この一定値を B とすれば $B = B(r_1) = \mu_0 nI$ となり (2.48) を得る．

ところで，(2.51) の r_2 はソレノイドの外側ならば自由に選べるから，(2.52) より $B(r_2)$ は r_2 の値によらず常にゼロになる．よって，(2.49) になる．

（2）(2.48) から，電流は $I = B/\mu_0 n$ で与えられるから，$I = B/\mu_0 n = 5/\{(4\pi \times 10^{-7}) \times 1000\} = 0.3979 \times 10^4 = 3979$ A となる．

2.5 過渡電流と RC 回路

図 2.5 のような回路にコンデンサーを含めたものを **RC 回路**という．コンデンサーの極板間には隙間があるから，コンデンサーが回路にあると回路が断線していることになる．そのため，RC 回路に定常電流は流れない．しかし，電源のスイッチを入れて，コンデンサーの極板に電荷が貯まるまでのわずかな時間であれば，非定常な電流が流れる．このような電流を**過渡電流**という．

過渡電流は，2.6.1 項で述べる「アンペールの法則のパラドックス」や第 6 章の「交流回路」において重要なので，この性質をコンデンサーの充電と放電のプロセスでみておこう．

コンデンサーの充電

図 2.17 に示すように，コンデンサー C と抵抗 R を直列に起電力 V の電池につないだ RC 回路を考え，コンデンサーは帯電していないとする．最初にスイッチを a 側に閉じる（この瞬間を $t=0$ とする）と電流が流れ，コンデンサーの極板に電荷が運ばれて充電が始まる．スイッチを閉じてから時刻 t での過渡電流を

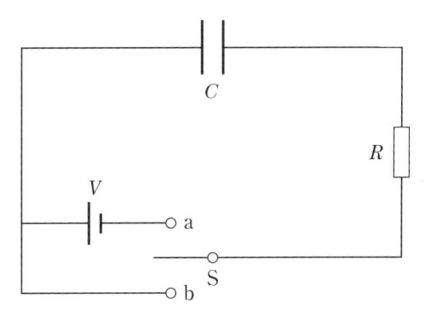

図 2.17 直流電源 V とスイッチ S をもつ RC 回路

$I(t)$，極板の電荷を $q(t)$ とする．このとき，抵抗 R での電圧降下は RI で，コンデンサー C の極板間での電位差は q/C である．電流は電池の正極から流れ出すから，回路を時計回りに流れる．そこで，「回路の仮の向き」も時計回りにとると，キルヒホッフの第 2 法則は

$$\boxed{V = RI(t) + \frac{q(t)}{C}} \tag{2.53}$$

となる．

過渡電流 $I(t)$ と充電される電荷 $q(t)$ は，次の［例題 2.9］で示すように (2.53) からつくられる微分方程式の解で与えられる．しかし，回路を流れる最大電流 I_0 とコンデンサーに貯まる最大電荷 Q_0 は，次のような簡単な考察で求まる．

最大電流 I_0 と最大電荷 Q_0

$t=0$ のとき，まだコンデンサーは充電されていないから $q(0)=0$ で，(2.53) は $V=RI(0)$ になる．この初期電流 $I(0)$ が最大電流 I_0 だから $I_0 = V/R$ である．

一方，十分に時間が経って，コンデンサーが完全に充電されて最大電荷 Q_0 になると，電流は流れなくなる．つまり，$q=Q_0$ のとき $I=0$ となるので，

(2.53) は $Q_0 = CV$ となる．したがって，

$$I_0 = \frac{V}{R} \quad (\text{最大電流}), \qquad Q_0 = CV \quad (\text{最大電荷}) \tag{2.54}$$

となる．

［例題 2.9］ RC 回路での充電

（1） 過渡電流 $I(t)$ は

$$I(t) = \frac{V}{R} e^{-\frac{t}{RC}} \tag{2.55}$$

で与えられることを，(2.53) を用いて示しなさい．

（2） コンデンサーの極板の電荷 $q(t)$ は

$$q(t) = CV(1 - e^{-\frac{t}{RC}}) \tag{2.56}$$

で与えられることを示しなさい．

（3） $V = 12\,\text{V}$，$C = 5\,\mu\text{F}$，$R = 8 \times 10^5\,\Omega$ のときの最大電荷 Q_0 と最大電流 I_0 を求めなさい．

［解］（1） オームの法則を表す (2.53) から電流の時間変化を調べるために，この式を時間 t で微分する．このとき，起電力 V は一定だから，$dV/dt = 0$ より (2.53) は

$$\frac{dV}{dt} = R\frac{dI}{dt} + \frac{1}{C}\frac{dq}{dt} = 0 \tag{2.57}$$

となる．電流 I は $I = dq/dt$ であるから，(2.57) は

$$\frac{dI}{dt} = -\frac{1}{RC} I \tag{2.58}$$

のように電流 I に対する微分方程式になる．この解は (2.58) を $dI/I = -dt/RC$ と変形して

$$\int_{I_0}^{I} \frac{dI}{I} = -\frac{1}{RC}\int_0^t dt \tag{2.59}$$

のように積分すれば求まる．積分範囲は，時刻 0 のときの $I(0) = I_0$ から，時刻 t のときの $I(t) = I$ までである．

2.5 過渡電流と RC 回路

この積分を計算すると

$$\text{左辺} = \left[\log_e I\right]_{I=I_0}^{I=I} = \log_e I - \log_e I_0 = \log_e \frac{I}{I_0}, \qquad \text{右辺} = -\frac{1}{RC}t \quad (2.60)$$

なので，(2.59) は

$$\log_e \frac{I}{I_0} = -\frac{t}{RC} \quad (2.61)$$

となる．したがって，過渡電流 I は

$$I(t) = I_0 \, e^{-\frac{t}{RC}} = I_0 \exp\left(-\frac{t}{RC}\right) \quad (2.62)$$

となる（数学公式 A.7 を参照）．なお，$\exp A$ は e^A と同じ記号で，エクスポネンシャル・エーと読む．この I_0 に (2.54) を代入すれば (2.55) になる．図 2.18 (a) は電流 $I(t)$ の時間変化を表したものである．時間 t とともに，電流 I は最大電流 $I_0 = V/R$ からゼロに近づくことがわかる．

（2）(2.53) を $q(t) = C\{V - RI(t)\}$ と変形して，$RI(t)$ に (2.55) を代入すれば (2.56) を得る．もちろん，(2.55) を t で積分しても (2.56) になる．図 2.18 (b) は電荷 $q(t)$ の時間変化で，$q(t)$ は時間とともに最大電荷 $Q_0(= CV)$ に近づく．

（3）最大電荷 Q_0 は $Q_0 = CV = (5 \times 10^{-6}) \times 12 = 60\,\mu\mathrm{C}$ となる．最大電流 I_0 は $I_0 = V/R = 12/(8 \times 10^5) = 15\,\mu\mathrm{A}$ となる．

(a) 過渡電流 $I(t)$ の時間変化　　(b) 極板上の電荷 $q(t)$ の時間変化

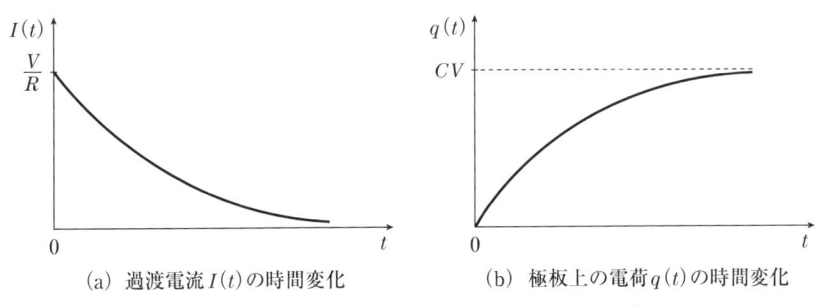

図 2.18　コンデンサーの充電時における電流と電荷

(参考) コンデンサーの放電

コンデンサーの放電が充電と異なる点は，初めから電荷が蓄えられている（$q(0) = Q$）ことと，電源がない（$V = 0$）ことである．図 2.17 のスイッチを a から b 側に切り替える（この瞬間を $t = 0$ とする）と，コンデンサーは放電を始め，回路に過渡電流 $I(t)$ が流れる．[例題 2.9] と同じような計算によって，

(a) 過渡電流 $I(t)$ の時間変化 (b) 極板上の電荷 $q(t)$ の時間変化

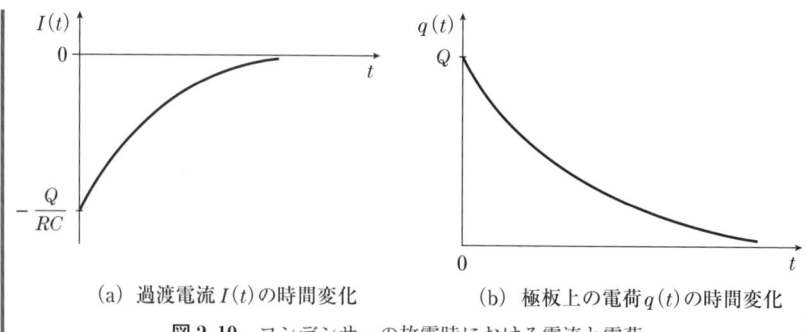

図 2.19 コンデンサーの放電時における電流と電荷

過渡電流 $I(t)$ と極板の電荷 $q(t)$ は

$$I(t) = -\frac{Q}{RC} e^{-\frac{t}{RC}}, \qquad q(t) = Q e^{-\frac{t}{RC}} \qquad (2.63)$$

となり，それぞれ図 2.19(a) と図 2.19(b) のように振舞う（演習問題 [2.7] を参照）．電流の符号が負なのは，電流の向きが (2.53) のキルヒホッフの第2法則を書くときに仮定した「回路の仮の向き」と反対（反時計回り）であることを意味する．つまり，放電の電流は充電の電流と逆向きに流れる．

2.6 アンペール-マクスウェルの法則

アンペールの法則 (2.42) は定常電流 I に対する法則なので，非定常電流 $I(t)$ の場合にこれが成り立つという保証はない．実際，非定常電流 $I(t)$ でも，この法則が成り立つと仮定して，単純に (2.42) の定常電流 I を $I(t)$ でおき換えると**パラドックス（矛盾）**に陥る．これを RC 回路で具体的にみてみよう．

2.6.1 アンペールの法則のパラドックス

アンペールの法則によれば，電流 I が貫く面 S をどのような形に選んでも，面 S の縁 C が同じであれば，C に沿った磁場 B の線積分は常に $\mu_0 I$ である．そこで，アンペールの法則を同一の縁 C をもつ2つの面（S_1 と S_2）に適用し

2.6 アンペール–マクスウェルの法則

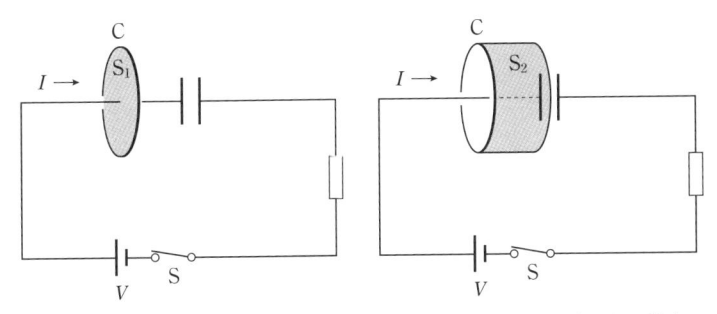

(a) 電流 I が面 S_1 を貫く場合 (b) 電流 I が面 S_2 を貫かない場合

図 2.20 アンペールの法則のパラドックス

てみよう.

図 2.20(a) の面 S_1 の場合, 電流 I は面を貫くから

$$\oint_C \boldsymbol{B} \cdot d\boldsymbol{l} = \mu_0 I \quad (\text{面 } S_1 \text{ の場合}) \tag{2.64}$$

である. 一方, 図 2.20(b) のように面 S_2 がコンデンサーの極板の間を通る場合, 極板間に伝導電流 I は流れないから, 面を貫く電流はない. そのため

$$\oint_C \boldsymbol{B} \cdot d\boldsymbol{l} = 0 \quad (\text{面 } S_2 \text{ の場合}) \tag{2.65}$$

である. <u>2つの面 S_1 と S_2 は同じ縁 C をもつから, アンペールの法則に従う限り, ともに $\mu_0 I$ でなければならない. したがって, (2.64) と (2.65) の結果は矛盾する.</u> これがパラドックスである.

このパラドックスにおいて, (2.65) が偽である. そこで, これを解決するために, マクスウェルは伝導電流とは異なる電流がコンデンサーの極板の間に存在すると考えて, アンペールの法則を次のように拡張した (1864 年).

> **アンペール–マクスウェルの法則** —マクスウェル方程式の1つ—
> ある面を, 定常電流だけでなく時間変化する電束が貫いても, その面の境界に沿って磁場が生じる.

この法則を式で書けば

$$\oint_C B_t \, dl = \oint_C \boldsymbol{B}(\boldsymbol{r}, t) \cdot d\boldsymbol{l} = \mu_0 I_C + \mu_0 \varepsilon_0 \frac{d\Phi_E}{dt} \quad (2.66)$$

となる．ここで，Φ_E は (1.22) の $\boldsymbol{E}(\boldsymbol{r})$ を時間変化する電場 $\boldsymbol{E}(\boldsymbol{r},t)$ に変えた電束である．この法則は電場と磁場をつなぐもので，第5章で述べるように，マクスウェル方程式の中でも特に重要なものである．

2.6.2 変位電流

マクスウェルは，アンペールの法則のパラドックスを解決するために，コンデンサーの極板間の電場の時間的な変化に着目した．そして，面 S_2 を通る電束 Φ_E の時間的な変化が電流の役割を果たすことに気づいて

$$I_d(t) = \varepsilon_0 \frac{d\Phi_E}{dt} \quad (2.67)$$

で定義される電流 I_d が極板の間に存在すると仮定した．この電流 I_d を**変位電流**（displacement current）という．

変位電流の物理的な意味

変位電流 (2.67) の物理的な意味を理解するために，図 2.21 のようなガウス面 S_2 に対して，極板に流入する過渡電流 I と極板間の電場 E を考えよう．時刻 t での極板（面積 A）上の電荷を $q(t)$ とすると，(1.70) から $E(t) = \sigma/\varepsilon_0$

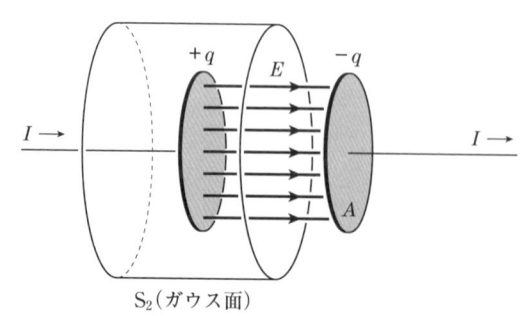

図 2.21 電束の時間変化による変位電流

2.6 アンペール-マクスウェルの法則

$= |q(t)/A|/\varepsilon_0$ である．したがって，面 S_2 を通る電束 Φ_E は (1.14) から

$$\Phi_E(t) = E(t) A = \frac{q}{A\varepsilon_0} A = \frac{q}{\varepsilon_0} \tag{2.68}$$

なので，(2.67) の変位電流は

$$I_d(t) = \varepsilon_0 \frac{d\Phi_E}{dt} = \varepsilon_0 \frac{d(q/\varepsilon_0)}{dt} = \frac{dq(t)}{dt} \tag{2.69}$$

のように伝導電流 $I = dq/dt$ と等価であることがわかる．<u>しかし，このとき極板間に起こっていることは，電場の時間変化だけで，本物の電流が流れているわけではない</u>．マクスウェルが電束の変化で生じる電流 I_d を変位電流と名付けた理由は，実際に電荷の移動をともなう伝導電流と区別するためである．

[例題 2.10] 変位電流の大きさ

断面積 A の導線内で，電場が $E = E_0 \sin \omega t$ で変化している．ω が小さければ，導線を流れる伝導電流密度 J はオームの法則 (2.10) の $J = \sigma E$ に従う．

（1） 変位電流 I_d の電流密度 J_d と J との振幅比が

$$\frac{J_d}{J} = \frac{\varepsilon_0 \omega}{\sigma} \tag{2.70}$$

であることを示しなさい．

（2） 電気伝導率 $\sigma = 1 \times 10^8/(\Omega \cdot m)$，$\omega = 370\,\text{Hz}$（振動数 $60\,\text{Hz}$）での J_d/J を求めなさい．ただし，$\varepsilon_0 = 9 \times 10^{-12}\,\text{C}^2/(\text{N} \cdot \text{m}^2)$ とする．

[解] （1） $J_d = I_d/A = \varepsilon_0(d\Phi_E/dt)/A = \varepsilon_0[d(AE)/dt]/A = \varepsilon_0(dE/dt) = \varepsilon_0 \omega E_0 \cos \omega t$ の振幅は $\varepsilon_0 \omega E_0$ で，$J = \sigma E_0 \sin \omega t$ の振幅は σE_0 だから，(2.70) となる．

（2） 数値を (2.70) に代入すると，$J_d/J = 3.3 \times 10^{-17}$ となる．導体の誘電率が ε_0 程度ならば，変位電流は伝導電流に比べて無視できることがわかる．

(参考) 変位電流の影響

一般に,回路を流れる伝導電流 I が時間的に変化しているときは,回路内に伝導電流と変位電流が共存する.しかし,[例題 2.10] からわかるように,家庭で使う 50 Hz や 60 Hz 程度の周波数(振動数)でゆっくり変化する交流電流の場合,変位電流は無視できる.そのため,電流のつくる磁場はアンペールの法則で求めることができる.

一方,回路を定常電流が流れる場合,変位電流は消える.なぜなら,定常電流の流れる導線内は電場 E が一定($dE/dt = 0$)だから,電束 EA の時間微分もゼロで $I_d = 0$ になるからである.したがって,この場合にはアンペール - マクスウェルの法則 (2.66) はアンペールの法則 (2.42) に戻る.

2.7 磁場のガウスの法則

静電場に対して電束 $\varPhi_E$ を (1.17) で定義したように,静磁場に対しても図 1.7 の E を B に置き換えて,磁力線の数を表す**磁束** $\varPhi_B$ を

$$\varPhi_B = BA\cos\theta = B_{\mathrm{n}}A = \boldsymbol{B}\cdot\hat{\boldsymbol{n}}A \tag{2.71}$$

や (1.21) の面積分を用いて

$$\varPhi_B = \int_S B_{\mathrm{n}}\,da = \int_S \boldsymbol{B}(\boldsymbol{r})\cdot\hat{\boldsymbol{n}}\,da \tag{2.72}$$

で定義することができる.この磁束に対して,電場のガウスの法則 (1.28) に対応する次の法則が成り立つ.

磁場のガウスの法則

任意の閉曲面を通る全磁束は,常にゼロである.

この法則を式で書けば

$$\oint_S B_{\mathrm{n}}\,da = \oint_S \boldsymbol{B}(\boldsymbol{r})\cdot\hat{\boldsymbol{n}}\,da = 0 \tag{2.73}$$

である.左辺は閉曲面 S を貫く全磁束である.静磁場に対するこの法則は,

2.7 磁場のガウスの法則

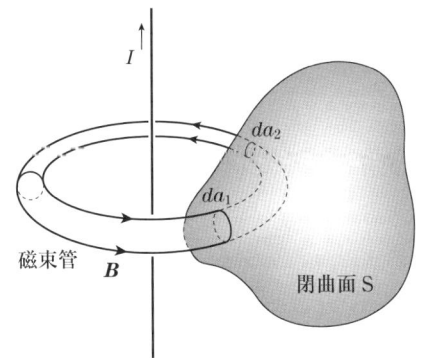

図 2.22 閉曲面 S を貫く磁束

マクスウェル方程式の一部になる重要なものである（第 5 章を参照）．

全磁束がゼロになる理由は，磁力線が常に閉じたループをつくるためである．図 2.22 のように，仮想的な任意の閉曲面 S を貫通する**磁束管**（磁力線を壁面とする管）を考えてみよう．磁力線は連続だから，ある面 da_1 から入った磁力線はすべて別の面 da_2 から出てくる．このため，出入りする磁力線の数は同じで，正味の磁束はゼロになる．

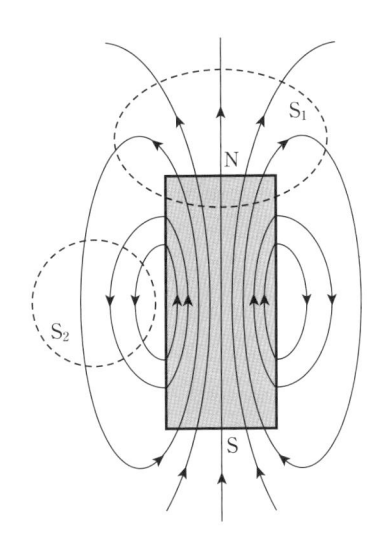

図 2.23 閉曲面 S_1, S_2 を貫く棒磁石の磁力線．ループ状だから，磁束は常にゼロになる．

この法則を，例えば，棒磁石の磁力線でみてみよう．棒磁石の磁力線は，連続なループである．いま，図 2.23 に示すように，閉曲面 S_1 と S_2 を考える．棒磁石の N 極を含む閉曲面 S_1 に入る磁力線の数は，S_1 から出ていく磁力線の数に等しい．空間だけを囲む閉曲面 S_2 の場合も同様である．したがって，いずれの場合も正味の磁束はゼロになることがわかる．

磁束の単位 Wb ＝ T・m^2　磁束の定義 (2.71) の右辺は磁場（テスラ T）と面積 (m^2) の積だから，単位は T・m^2 である．これをウェーバー (Wb) とよび，1 Wb ＝ 1 T・m^2 である．なお，単位の呼称はドイツの物理学者ウェーバーの名に由来する．

（参考）磁気モノポール

　磁場のガウスの法則 (2.73) の右辺のゼロは，電場のガウスの法則 (1.28) と比較すればわかるように，電荷に対応する磁荷（これを q_m と書く）が単独では存在しないことを意味する．単独の磁荷のことを，**磁気モノポール**あるいは磁気単極子という．磁荷は，例えば，棒磁石の先端の北を指す N 極（$+q_m$）と南を指す S 極（$-q_m$）である．もし単独の磁荷が存在すれば，棒磁石を細かく切断していくと N 極と S 極を独立に取り出すことができるはずである．しかし，どんなに切断しても，その切断面には常に N 極と S 極のペアが現れ，単独の磁荷を取り出すことはできない．自然界に，磁気モノポールが存在してはいけないという理由はないが，現在まで実験的に見つかっていない．したがって，<u>磁場のガウスの法則は，自然界に磁気モノポールが存在しないという経験的な事実の別表現でもある</u>．

　では，磁石の磁場の源は何だろうか？ それは 3.3 節で説明するように，磁気双極子モーメント（荷電粒子の運動によるループ電流）である．なお，素粒子論や宇宙論の理論的な研究では，磁気モノポールの存在が予想されていることを注意しておこう．

磁場のガウスの法則の適用

　この法則から，複雑な曲面を貫く磁束が簡単に計算されることを示そう．

2.7 磁場のガウスの法則

── **[例題 2.11] 半円筒を貫く磁束** ──

z 軸上を流れる長い直線電流 I がある．その近くに，図 2.24 のような円筒（半径 a，高さ h）を半分に切った物体（半円筒）を置く．このとき，半円筒の側面 S（曲面の方）を貫く磁束 Φ_S を求めなさい．

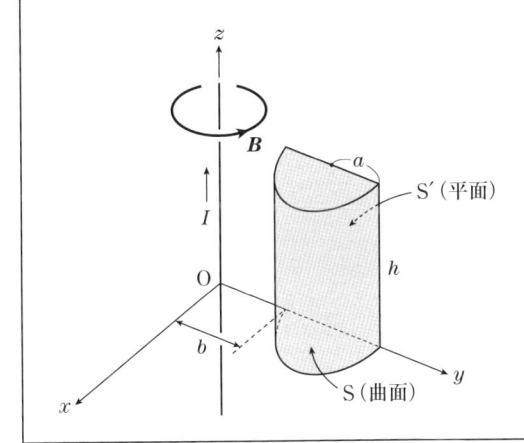

図 2.24 直線電流による磁場と半円筒

[解] 明らかに，曲面 S を貫く磁束 Φ_S を直接計算することは難しいので，まず平面 S′ を貫く磁束を計算し，その後にガウスの法則を利用して Φ_S を求めよう．

直線電流 I が距離 r の場所につくる磁場 $\boldsymbol{B}$ は，(2.44) の大きさ $B(r) = \mu_0 I/2\pi r$ をもち，向きは右ネジの規則に従うから，電流の周りで右ネジの向きに円を描く．つまり，磁場 $\boldsymbol{B}$ は半円筒の曲面 S 側から入り，平面 S′ 側から出ていくから，S′ 上の磁場は $\boldsymbol{B} = -\hat{\boldsymbol{i}} B(r)$ で与えられる．ただし，$\hat{\boldsymbol{i}}$ は x 軸の単位ベクトルである．一方，閉曲面の単位法線ベクトル $\hat{\boldsymbol{n}}$ は外向きに決められているから，平面 S′ の $\hat{\boldsymbol{n}}$ は $\hat{\boldsymbol{n}} = -\hat{\boldsymbol{i}}$ である．したがって，S′ 上では $\boldsymbol{B} \cdot \hat{\boldsymbol{n}} = -\hat{\boldsymbol{i}} B(r) \cdot (-\hat{\boldsymbol{i}}) = B(r)$ となる．

平面 S′ を貫く磁束（$\Phi_{S'}$ とする）は，$\boldsymbol{B} \cdot \hat{\boldsymbol{n}}\, da$ を S′ 上で積分すれば求まるが，S′ は yz 平面なので $da = dy\, dz$ である．さらに，平面 S′ 上では距離の増分が $dy = dr$ なので，$da = dr\, dz$ になる．したがって，$\Phi_{S'}$ は

$$\Phi_{S'} = \int_{S'} \frac{\mu_0 I}{2\pi r}\, dr\, dz = \frac{\mu_0 I}{2\pi} \int_0^h dz \int_b^{b+2a} \frac{dr}{r} = \frac{\mu_0 I h}{2\pi} \ln\left(\frac{b+2a}{b}\right) \quad (2.74)$$

で与えられる．

磁場のガウスの法則 (2.73) は，閉曲面を通る全磁束が常にゼロになることを保証しているから，円筒側面 S と平面 S′ と 2 つの底面の磁束の合計はゼロになる（Φ_S

$+ \Phi_{S'} +$「2つの底面の磁束」$= 0$). 底面は磁場と平行だから,$\boldsymbol{B}\cdot\hat{\boldsymbol{n}} = 0$ より「2つの底面の磁束」$= 0$ である.したがって,側面を貫く磁束は $\Phi_S = -\Phi_{S'} = -(\mu_0 Ih/2\pi)\ln(1 + 2a/b)$ となる.なお,磁束 Φ_S が負符号になるのは,磁場が閉曲面に入る向きのためである(1.3.1 項の「電束の符号」を参照).

第 2 章のまとめ

1. 電流 I の一般的な定義は

$$I = \frac{dq}{dt} \qquad [\text{☞ } (2.3)]$$

   である.dq は時間 dt の間に導体の断面を通過する電荷量である.

2. 抵抗 R の導線を流れる電流 I と電位差(電圧)V の間にオームの法則

$$V = RI \qquad [\text{☞ } (2.6)]$$

   が成り立つ.

3. 電力 P は電流による仕事率(単位時間当たりの仕事)で

$$P = VI \qquad [\text{☞ } (2.12)]$$

   で表される.

4. ジュール熱

$$Q_J = RI^2 \qquad [\text{☞ } (2.13)]$$

   は,抵抗で消費される電力 P である.

5. キルヒホッフの第 2 法則

$$\sum_k V_k = \sum_k R_k I_k \qquad [\text{☞ } (2.17)]$$

   はオームの法則を一般化したもので,エネルギーの保存則を表している.

6. 定常電流 I が流れる導線の電流要素 $I\,dl$ が距離 r の点 P につくる磁場 dB は,ビオ-サバールの法則

$$dB = \frac{\mu_0}{4\pi} \frac{I\,dl}{r^2} \sin\theta \qquad [☞ \ (2.24)]$$

で決まる. θ は $I\,dl$ と r の成す角である.

7. アンペールの法則

$$\oint_C B_t\,dl = \oint_C \boldsymbol{B}(\boldsymbol{r})\cdot d\boldsymbol{l} = \mu_0 I_C \qquad [☞ \ (2.42)]$$

は, 磁場 $\boldsymbol{B}$ が伝導電流 I_C から生じることを表している.

8. RC 回路の過渡電流と電荷はキルヒホッフの第2法則

$$V = RI(t) + \frac{q(t)}{C} \qquad [☞ \ (2.53)]$$

で記述される.

9. アンペール-マクスウェルの法則

$$\oint_C B_t\,dl = \oint_C \boldsymbol{B}(\boldsymbol{r},t)\cdot d\boldsymbol{l} = \mu_0 I_C + \mu_0 \varepsilon_0 \frac{d\Phi_E}{dt}$$

$$[☞ \ (2.66)]$$

は, アンペールの法則を非定常電流でも成り立つように拡張したもので, 変位電流が新たに加わる.

10. 変位電流は電束 Φ_E の時間変化率と ε_0 の積

$$I_d(t) = \varepsilon_0 \frac{d\Phi_E}{dt} \qquad [☞ \ (2.67)]$$

で定義される, 電荷の移動をともなわない電流である.

11. 磁場のガウスの法則

$$\oint_S B_n\,da = \oint_S \boldsymbol{B}(\boldsymbol{r})\cdot \hat{\boldsymbol{n}}\,da = 0 \qquad [☞ \ (2.73)]$$

は, 磁場がループ状である (あるいは, 磁気モノポールが単独に存在しない) という事実を表している.

演習問題

以下の問題で必要ならば，$\mu_0 = 4\pi \times 10^{-7}$ Wb/(A·m) を使うこと．

[**2.1**] 銅線（断面積 A）に $I = 10$ A の電流が流れているとする．単位体積当たりの電子数を $n = 8.5 \times 10^{28}$ 個/m³，$A = 3 \times 10^{-6}$ m² として，ドリフトの速さ v_d の値を求めなさい．ただし，電子の電荷は $e = -1.6 \times 10^{-19}$ C である．

[☞ 2.1.1 項]

[**2.2**] 長さ $l = 5$ m，断面積 $A = 0.5$ mm² のタングステンの導線がある．その内部に $V = 5.6$ V の電位差があるとき，導線に流れる電流 I を求めなさい．ただし，導線の抵抗率 ρ は $\rho = 5.6 \times 10^{-8}$ Ω·m である． [☞ 2.1.2 項]

[**2.3**] バッテリーがあがって動かなくなった車 A がある．この車を動かすために，別の車 B のバッテリー V_1 から充電したい．そのために，車 A のバッテリー V_2 を図 2.25 のように車 B のバッテリーに接続する．車 B を流れる電流 I_1 と車 A のバッテリーに流れる電流 I_2，および，スターター（エンジンを始動させるためのモーター）に流れる電流 I_3 を求めなさい．また，図に描いている電流の向きは，実際に流れる向きと一致しているかを答えなさい．ただし，$V_1 = 15$ V，$V_2 = 5$ V，$R_1 = 0.01$ Ω，$R_2 = 1$ Ω，$R_3 = 0.05$ Ω とする． [☞ 例題 2.4]

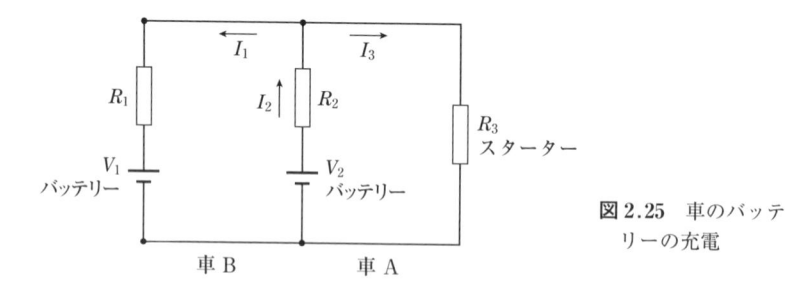

図 2.25 車のバッテリーの充電

[**2.4**] 図 2.26 のような形の経路に流れる電流 I を考えると，円弧（長さ l）部分の電流は中心 P に磁場 B をつくる．いま，P から円弧を見込む角度は $\pi/6$ であり，$l + 2R = 1.0$ m とする．電流が $I = 3$ A のとき，P に生じる磁場 B の大きさと方

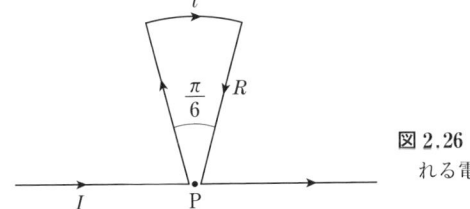

図 2.26 長さ l の円弧を流れる電流がつくる磁場

向を求めなさい．　　　　　　　　　　　　　　　　　　　　[☞　例題 2.5]

[**2.5**] 正方形（1 辺の長さ $l = 0.4$ m）の導線のループが水平な台に置いてある．そして，上から見て時計回りの向きに電流 $I = 10$ A が流れている．正方形の中心に生じる磁場の大きさと方向を求めなさい．　　　　　　　[☞　例題 2.6]

[**2.6**] 図 2.9 のように，水平な導線に $I = 4.5$ A の電流を流す．導線は南北方向で，電流 I は北向きである．このとき，導線の真下の距離 2 cm の所に置いたコンパスの N 極が，西側に角度 θ だけ振れて静止した．この場所の地磁気（地球の磁場）の水平成分を $B_0 = 4.5 \times 10^{-5}$ T として，θ の値を求めなさい．

[☞　例題 2.7]

[**2.7**] キルヒホッフの法則 $RI(t) + q(t)/C = 0$ を使って，放電中の過渡電流 $I(t)$ と電荷 $q(t)$ が (2.63) になることを示しなさい．　　　[☞　2.5 節]

第3章

外部の磁場による力

　第2章でみたように，電流には磁気作用があるので，電流は磁石と同じはたらきをする．このため，電流に外部から磁場がかかると，電流に磁気力がはたらく．本章ではまず，この磁気力の元になるローレンツ力について述べる．そして，定常電流やコイルにはたらく磁気力について解説する．さらに，磁石の磁場とコイルの磁場との関係について述べる．なお，外部の磁場であることを明示するために，添字 ex（外部 external の略）を付けて B_ex と表記する．

学習目標
1. 荷電粒子にはたらくローレンツ力の性質を説明できるようになる．
2. 磁場は電流に磁気力をおよぼすことを説明できるようになる．
3. 一様な磁場内のコイルにはトルクがはたらくことを理解する．
4. コイルの磁場と磁石との類似性を理解する．

3.1 ローレンツ力

　電場内にある荷電粒子は，静止していても運動していても，常に電場の力を受ける．一方，磁場の力は，静止している粒子にははたらかない．実験によれば，外部磁場 B_ex の中を速度 v で動く電荷 q の粒子には，力の大きさが

$$F = qvB_\mathrm{ex} \sin\theta \tag{3.1}$$

の **磁気力** がはたらく．ここで，θ は v と B_ex の間の角度である．

　(3.1) から，F は v と B_ex が平行（$\theta = 0$）のときはゼロ，垂直（$\theta = \pi/2$）

3.1 ローレンツ力

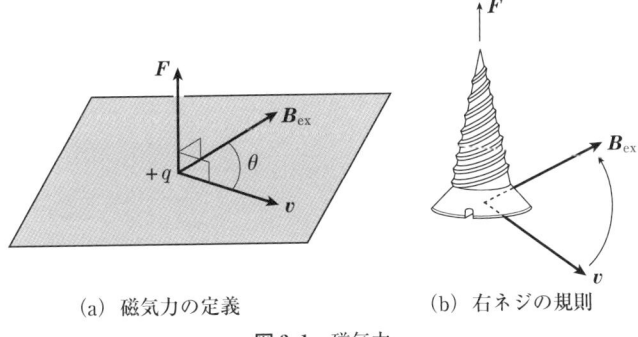

(a) 磁気力の定義 (b) 右ネジの規則

図 3.1 磁気力

のときは qvB_{ex} である. 力の方向は, v と B_{ex} の張る平面に垂直で, 図 3.1(a) に示す向きをもつ. そのため, 大きさと向きを含めた磁気力は

$$F = qv \times B_{ex} \tag{3.2}$$

のようにベクトル積で表すことができる (演習問題 [3.1] を参照). ベクトル積の正の向きは, 右ネジの規則に従うので, 図 3.1(b) に示す向きが磁気力の正の向きである.

一般に, 電場 E と磁場 B_{ex} の存在する領域内で, 荷電粒子が速度 v で運動すれば, 磁気力 (3.2) に電気力 qE も加わり

$$\boxed{F_L = qE + qv \times B_{ex}} \tag{3.3}$$

の力が粒子にはたらく. この力 F_L を**ローレンツ力** (Lorentz force) という. なお, 電場 E がクーロン力の $F = qE$ で定義されるように, **磁場 B_{ex} も磁気力の $F = qv \times B_{ex}$ で定義される**.

磁場の単位 $N/(A \cdot m) = T = Wb/m^2$ 磁場の単位は, 磁場の定義式 (3.1) より力 (N) を電荷 (C) と速度 (m/s) で割ったものだから, $N/(A \cdot m)$ ($= N/C(m/s) = N/(C/s)m$) である. これをテスラ (T) とよぶ. 磁束の単位ウェーバー (Wb) を使って, $T = Wb/m^2$ と表すこともある. 1 T が 1 万ガウス (G) である.

磁気力による仕事 ―ゼロ―

荷電粒子（速度 v）にはたらく (3.1) の磁気力 F は，速度と常に直交している（$F \cdot v = 0$）から，磁気力は荷電粒子に対して仕事をしない．その理由は，仕事 $dW = F \cdot dr$ の変位 dr を，$dr = v\, dt$ のように速度 $v = dr/dt$ を使って $dW = (F \cdot v)\, dt$ と書き換えれば，ゼロになるからである．

このように，<u>磁気力は仕事をしないから，磁場の中で運動する荷電粒子に磁気力がはたらいても運動エネルギーは増えない（つまり，加速されない）</u>．したがって，磁場内の荷電粒子の運動は速さが一定のままで，速度の向きだけを変える円運動になる（[例題 3.1] を参照）．

[例題 3.1] サイクロトロン運動

一様な外部磁場 B_{ex} の中に，磁場に垂直に速度 v で荷電粒子を入射する．

（1） 荷電粒子（質量 m，電荷 q）は

$$v = \frac{qrB_{\text{ex}}}{m} \tag{3.4}$$

の速度で，図 3.2 のような半径 r の円運動をすることを示しなさい．

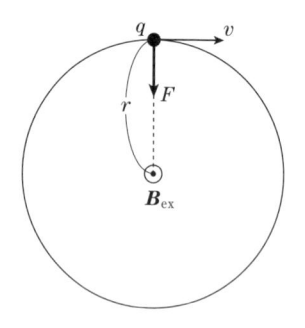

図 3.2 紙面に対して垂直上向きの磁場内で円運動する荷電粒子

（2） 荷電粒子を陽子として，$B_{\text{ex}} = 0.35\,\text{T}$，$r = 14\,\text{cm}$ での速度 v を計算しなさい．ただし，$q = 1.60 \times 10^{-19}\,\text{C}$，$m = 1.67 \times 10^{-27}\,\text{kg}$ である．

[解] （1） 磁場の向きと荷電粒子の速度の向きは直交するから，(3.1) で $\theta = \pi/2$ とした磁気力 $F = qvB_{\text{ex}}$ が荷電粒子にはたらく．この力によって粒子は円運動をするから，F は向心力の役割をする．一方，半径 r で速度 v をもつ質量 m の粒子の円運動は，ニュートンの運動方程式 $mv^2/r = F$ で記述されるから

$$\frac{mv^2}{r} = qvB_{\text{ex}} \tag{3.5}$$

の関係が成り立つ．これを v について解けば (3.4) となる（演習問題 [3.2] を参照）．

（2） (3.4) に数値を代入すれば $v = qrB_{\text{ex}}/m = (1.60 \times 10^{-19}) \times 0.14 \times 0.35/(1.67 \times 10^{-27}) = 4.69 \times 10^6$ m/s となる．

3.1.1 電流にはたらく力

電流は荷電粒子の流れであるから，外部磁場 B_{ex} の中に電流の流れている導線を置くと磁気力 (3.1) がはたらく．ただし，導線は正と負の電荷を同じ数だけ含むので，全体としては電荷を帯びていない．そのため，導線自体は外部の電場 E から電気力を受けることはない．

導線にはたらく磁気力を求めるために，まず図 2.1 に戻って，電流 I の流れる導線（断面積 A）の一部分（長さ dl とする）にはたらく磁気力を計算してみよう．長さ dl の部分に含まれる電荷を dQ とすると，これがドリフト速度 $\boldsymbol{v}_{\text{d}}$ で動いているから，dQ が外部磁場 B_{ex} から受ける磁気力 $d\boldsymbol{F}$ は

$$d\boldsymbol{F} = dQ\, \boldsymbol{v}_{\text{d}} \times \boldsymbol{B}_{\text{ex}} \tag{3.6}$$

である．ここで，$dQ\,\boldsymbol{v}_{\text{d}}$ に $dQ = I\, dt$ を代入して $dQ\,\boldsymbol{v}_{\text{d}} = (I\,dt)\boldsymbol{v}_{\text{d}} = I(\boldsymbol{v}_{\text{d}}\,dt)$ と書き換える．さらに，$d\boldsymbol{l} = \boldsymbol{v}_{\text{d}}\,dt$ であることに注意すれば，$dQ\,\boldsymbol{v}_{\text{d}} = I\,d\boldsymbol{l}$ なので，(3.6) は

$$d\boldsymbol{F} = I\,d\boldsymbol{l} \times \boldsymbol{B}_{\text{ex}} \tag{3.7}$$

となる．ここで $I\,d\boldsymbol{l}$ は電流要素 $I\,dl$ に向き $\hat{\boldsymbol{l}}$ をもたせたベクトル量で，これも一般に**電流要素**とよぶ．$d\boldsymbol{F}$ の大きさ dF は，dl と B_{ex} の間の角度を θ とすれば，(3.7) から

$$dF = IB_{\text{ex}} \sin\theta\, dl \tag{3.8}$$

である.

　導線にはたらく磁気力の大きさ F は，電流要素にはたらく力 dF の合力だから，(3.8) を足し合わせたもの（積分）で与えられる．例えば，導線が長さ L の直線の場合，(3.8) の積分から

$$F = \int dF = \int_0^L IB_{\text{ex}} \sin\theta \, dl = IB_{\text{ex}} \sin\theta \int_0^L dl = ILB_{\text{ex}} \sin\theta \tag{3.9}$$

となる．したがって，直線電流にはたらく磁気力 F は

$$\boxed{F = I\boldsymbol{L} \times \boldsymbol{B}_{\text{ex}}} \tag{3.10}$$

のように，(3.9) を大きさにもつベクトル積で表される（演習問題 [3.3] を参照）．ここで，$I\boldsymbol{L}$ は電流の向きをもつ，大きさ IL のベクトルである．

　これを一般化すれば，定常電流 I が流れる任意の形状の導線 C にはたらく磁気力 $\boldsymbol{F}$ は (3.7) の $d\boldsymbol{F}$ の積分

$$\boldsymbol{F} = \int_C d\boldsymbol{F} = I\int_C d\boldsymbol{l} \times \boldsymbol{B}_{\text{ex}} \tag{3.11}$$

から求まる．

　磁場 $\boldsymbol{B}_{\text{ex}}$ が一定のとき，$\boldsymbol{B}_{\text{ex}}$ は積分の外に出せるので，(3.11) は

$$\boldsymbol{F} = I\left(\int_C d\boldsymbol{l}\right) \times \boldsymbol{B}_{\text{ex}} \tag{3.12}$$

のように書けるから，積分は経路 C の部分だけになる．例えば，経路 C が長さ L の直線の場合は (3.12) の積分が L となるので，(3.12) は (3.10) に一致する．

3.1.2　電流の間にはたらく力

　2.3 節で説明したように，導線を流れる電流はその周りに磁場をつくる．そのため，電流の流れる 2 本の導線の間には，相手の電流による磁場がお互

いの外部磁場となって，力がはたらくことになる．この問題を次の[例題3.2]で考えてみよう．

[例題3.2] 平行な電流の間にはたらく力

図3.3(a)のように，平行な2本の長い導線C_1とC_2に，電流I_1とI_2が流れている．導線の間の距離はaである．

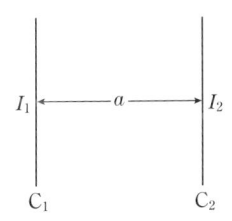

(a) 2本の導線C_1とC_2に流れる電流I_1とI_2

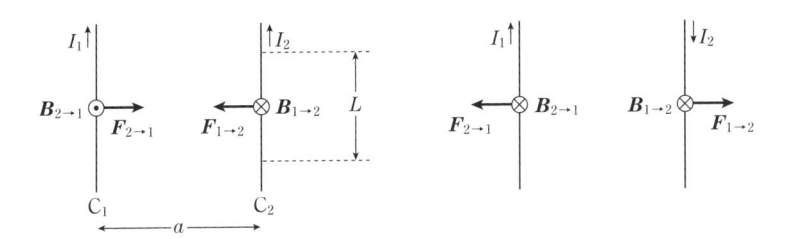

(b) 電流が同じ向きのときは引力 　　(c) 電流が反対向きのときは斥力

図3.3 平行な直線電流と力

（1） 導線間の力が電流I_1とI_2が同じ向き（図(b)）のときは引力，反対向き（図(c)）のときは斥力になることを説明しなさい．

（2） 長さLの導線部分にはたらく磁気力の大きさFは

$$F = \frac{\mu_0 I_1 I_2 L}{2\pi a} \tag{3.13}$$

であることを示しなさい．

（3） $a = 50\,\text{cm}$，$I_1 = 5\,\text{A}$，$I_2 = 7\,\text{A}$として，単位長さ当たりの力を計算しなさい．ただし，$\mu_0 = 4\pi \times 10^{-7}\,\text{Wb/(A·m)}$とする．

[解] （1）図3.3(b)のように，I_1 と I_2 が同じ向きの場合，I_1 は C_2 の場所に⊗（紙面の表から裏）向きの磁場 $B_{1\to 2}$ をつくるので，I_2 はこの磁場 $B_{1\to 2}$ から I_1 向きの磁気力 $F_{1\to 2}$ を受ける．一方，I_2 は C_1 の場所に⊙（裏から表）向きの磁場 $B_{2\to 1}$ をつくるので，I_1 はこの磁場 $B_{2\to 1}$ から I_2 向きの磁気力 $F_{2\to 1}$ を受ける．したがって，導線の間の力は引力になる．

また，図3.3(c)のように，I_1 と I_2 が反対向きの場合，それぞれの電流が相手の電流の場所につくる磁場は⊗向きになるから，導線の間には斥力がはたらく．

（2）$B_{1\to 2}$ の大きさ $B_{1\to 2}$ が I_2 に対する外部磁場の大きさ B_{ex} になるので（2.32）より，$B_{\text{ex}} = \mu_0 I_1/2\pi a$ である．この B_{ex} が I_2 の長さ L の部分におよぼす力 $F_{1\to 2}$ は，(3.9) で $I = I_2$, $\theta = \pi/2$ とおいた $F_{1\to 2} = I_2 L B_{\text{ex}} \sin(\pi/2) = I_2 L B_{\text{ex}}$ である．題意から，力の大きさ F は $F = |F_{1\to 2}| = |F_{2\to 1}|$ であるから（3.13）となる（演習問題 [3.4] を参照）．<u>ここで注意すべきことは，電流 I_2 自身がつくる磁場を $F_{1\to 2}$ の式の B_{ex} に含めてはいけないことである．その理由は，導線が自分自身に作用する力を発生することはできないからである．</u>

（3）(3.13) を長さ L で割った式に，$a = 0.50$ m，$I_1 = 5$ A，$I_2 = 7$ A を代入すれば，単位長さ当たりの力は $F/L = \mu_0 I_1 I_2 / 2\pi a = (4\pi \times 10^{-7}) \times 5 \times 7/(2\pi \times 0.5) = 14 \times 10^{-6} = 14\,\mu\text{N/m}$ となる．

電流の単位であるアンペアの決め方は，(3.13) を使って次のように定義される．

アンペアの定義

2つの直線電流の間の力 (3.13) で，$L = 1$ m，$a = 1$ m とおいて，同じ大きさの電流 I を流す．このとき，2本の導線の間にはたらく力が 2×10^{-7} N であるとき，この電流の大きさを 1 アンペア（A）と決める．言い換えれば，真空の透磁率 μ_0 が $4\pi \times 10^{-7}$ の値になるように，力の大きさを決めたことになる．

3.2 コイルにはたらく力

図3.4(a)のような閉じたループ状の導線に対して，一様な外部磁場 B_{ex} がおよぼす力 (3.12) を考えよう．この場合，図3.4(b)のように変位ベクトル

3.2 コイルにはたらく力

$d\boldsymbol{l}$ の始点と終点が一致するから，ベクトルの性質によって変位ベクトルの総和はゼロになる（数学公式 A.1 を参照）．このため，(3.12) の経路積分は

$$\int_C d\boldsymbol{l} = \oint_C d\boldsymbol{l} = \boldsymbol{0} \tag{3.14}$$

となり，磁気力 $\boldsymbol{F}$ は常に

$$\boldsymbol{F} = \boldsymbol{0} \tag{3.15}$$

である．

一般に，図 3.4 (a) のようなループ状の導線をらせん状に密に巻いたものをコイルという．したがって，<u>コイルが一様な磁場から受ける力の合力は常にゼロになる</u>．この結果から，もしもコイルの一部分に力（仮に $\boldsymbol{F}'$ とする）がはたらけば，(3.15) を満たすように，必ずコイルの別の部分に反対向きの力（$-\boldsymbol{F}'$）が現れる（$\boldsymbol{F}' + (-\boldsymbol{F}') = \boldsymbol{0}$）．つまり，大きさが同じで，向きが反対の力がペアで現れる．このペアの力を**偶力**という．

図 3.5 (a) に示すように，物体に偶力（$\boldsymbol{F}$ と $-\boldsymbol{F}$）がはたらくと，重心の周りで物体を回転させる力のモーメントが生じる．**力のモーメント**（これを**トルク**ともいう）とは，図 3.5 (b) に示すように，力が物体を任意の点か回転軸（まとめて支点とよぶ）の周りで回転させる能力のことで

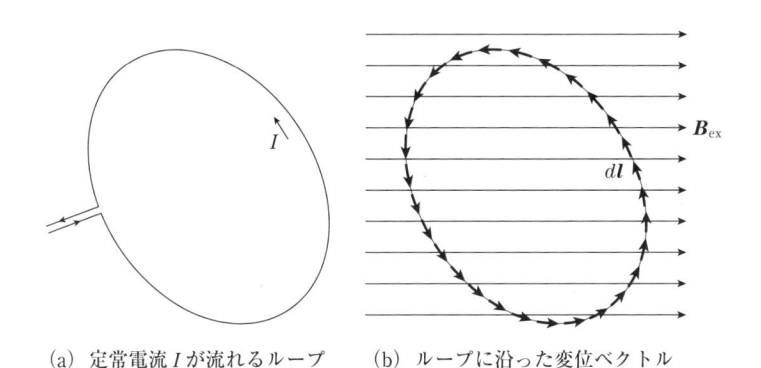

(a) 定常電流 I が流れるループ　　(b) ループに沿った変位ベクトル
　　状の導線　　　　　　　　　　　　　$d\boldsymbol{l}$ の総和はゼロになる．

図 3.4 一様な磁場内にあるループを流れる電流

第3章　外部の磁場による力

(a) 偶力（F, $-F$ のペア）　　(b) 力のモーメントの定義

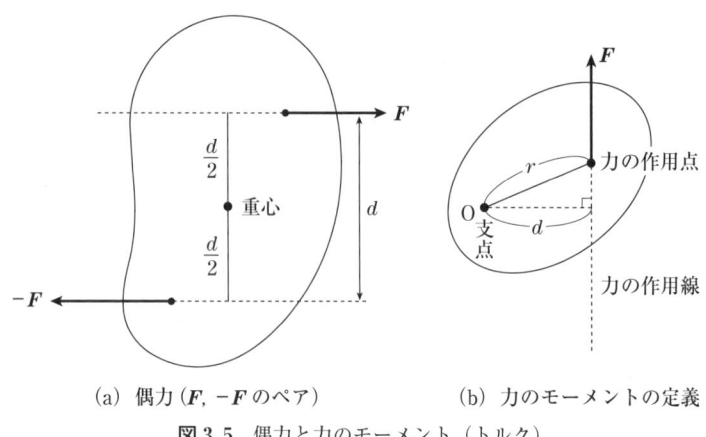

図 3.5 偶力と力のモーメント（トルク）

「トルクの大きさ N」＝「力の大きさ F」×「支点と力の作用線の距離 d」
$$\tag{3.16}$$

で定義される量である．トルクを簡単にいえば，ねじる力のことである．コイルに偶力がはたらくと，そのトルクによってコイルが回転することを，次の［例題 3.3］でみてみよう．

［例題 3.3］コイルの回転

図 3.6 (a) に示すように，一様な外部磁場 B_ex 内に，中心軸 O の周りで回転できる長方形コイル（巻数 $n=1$，辺の長さ a, b，面積 $A=ab$）がある．B_ex はコイル面（コイルで囲まれた面）の単位法線ベクトル $\hat{n}$ と角 θ を成している．いま，コイルに電流 I が流れているとしよう．

（1）図 3.6 (b) のように，磁場に垂直な辺 b に F_2 と F_4 の磁気力がはたらくとき，中心軸 O の周りに大きさが

$$N = IAB_\mathrm{ex}\sin\theta \tag{3.17}$$

のトルク N が生じることを示しなさい．

（2）$a=2.5\,\mathrm{cm}$，$b=4\,\mathrm{cm}$，コイルの巻数 $n=20$，$I=10\,\mathrm{mA}$，$B_\mathrm{ex}=5\,\mathrm{T}$ の場合，磁場 B_ex がコイル面に平行であるときのトルク N を計算

3.2 コイルにはたらく力　　　　　　　　　　　　　103

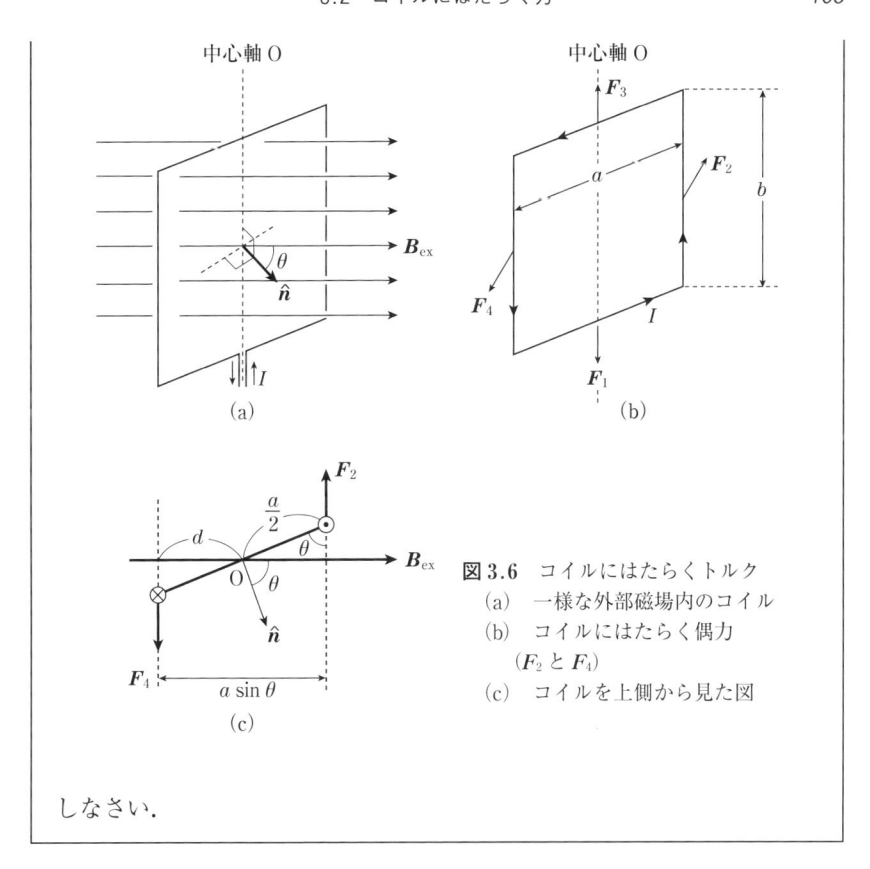

図 3.6 コイルにはたらくトルク
(a) 一様な外部磁場内のコイル
(b) コイルにはたらく偶力 (F_2 と F_4)
(c) コイルを上側から見た図

しなさい．

[解] （1） 図 3.6 (b) のように，各辺の導線にはたらく磁気力は

$$F_1 = -F_3, \qquad F_2 = -F_4 \tag{3.18}$$

で，合力 $F = F_1 + F_2 + F_3 + F_4$ はゼロである．長さ a の辺にはたらく磁気力 F_1 と F_3 は，中心軸に平行だからトルクにならない．一方，長さ b の辺にはたらく磁気力 F_2 と F_4 は偶力で，その大きさは (3.9) より $F_2 = F_4 = IbB_{ex} \equiv F$ である．図 3.6 (c) のようにコイルを上から見たとき，中心軸 O と F_2，F_4 の作用線の距離を d とすれば，(3.16) より $N = F_2 d + F_4 d = 2Fd$ のトルクが反時計回りに生じる．したがって，コイルにはたらくトルクの大きさ N は $d = (a/2) \sin\theta$ より

$$N = 2Fd = Fa \sin\theta = IbB_{ex} a \sin\theta \tag{3.19}$$

となる．これにコイル面の面積 $A = ab$ を代入すれば，(3.17) になる（演習問題 [3.5]

を参照).

（2） 巻数 n のコイルの場合，トルクは (3.17) の n 倍になる．コイル面と磁場は平行だから，$\hat{n}$ と B は直交して $\theta = \pi/2$ である．面積 A は $A = ab = 0.025 \times 0.04 = 1 \times 10^{-3}\,\text{m}^2$ である．したがって，トルクは $N = nIAB_{\text{ex}} \sin(\pi/2) = 20 \times (10 \times 10^{-3}) \times (1 \times 10^{-3}) \times 5 = 1 \times 10^{-3}\,\text{N·m} = 1 \times 10^{-3}\,\text{J}$ となる．なお，トルクは力と距離の積で決まるから，トルクの単位は仕事と同じジュールになる．

コイルの磁気モーメント

外部磁場 B_{ex} によるトルクの大きさ N が (3.17) のように書けるから，トルクは IA と B_{ex} を成分にしたベクトル積で表現できるはずである．そこで，(1.18) のような面積ベクトル $A\hat{n}$ を考え，これに I を掛けた量で，図 3.7 に示すような**コイルの磁気モーメント** m

$$m = IA\hat{n} \tag{3.20}$$

を定義すると，コイルにはたらくトルク N は

$$\boxed{N = m \times B_{\text{ex}}} \tag{3.21}$$

で表される（演習問題 [3.6] を参照）．

なお，(3.20) の m は，長方形の面積 ab を面積 A におき換えたため，長方形という形の情報を含んでいない．そのため，(3.21) は任意の形状のコイル（例えば，円電流のコイル）に対しても成り立つ．このことが，次節で述べるように，磁石の磁場に関係してくる．

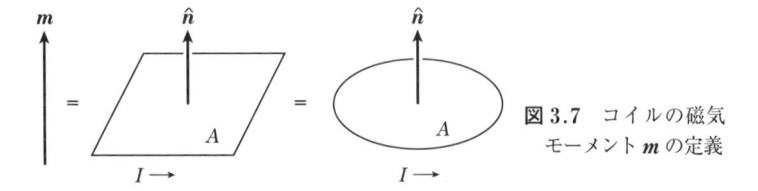

図 3.7 コイルの磁気モーメント m の定義

3.3 コイルと磁石の磁場

磁石の磁場を調べるために，N極に正の磁荷 $+q_\mathrm{m}$，S極に負の磁荷 $-q_\mathrm{m}$ があると仮定しよう．もちろん，2.7節の「磁場のガウスの法則」のところで述べたように，単独の磁荷は存在しないから，2つの磁荷を

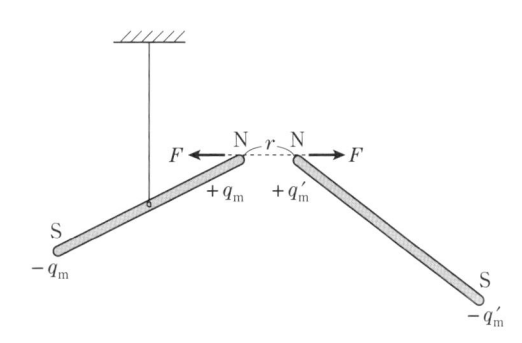

図 3.8 細長い棒磁石による磁気力の測定

取り出して，それらの間の力を直接調べることはできない．しかし，十分に細長い棒磁石を使えば，反対側の磁極の影響を小さくできるので，近似的に単体の磁荷を考えることができる．したがって，図3.8のように2本の棒磁石の先端を近づければ，磁荷にはたらく磁気力が測定できるはずである．

実験によれば，距離 r だけ離れた磁荷 q_m と q'_m の間には，$q_\mathrm{m} q'_\mathrm{m}/r^2$ のようにクーロン力と同じ形の磁気力 F がはたらく．そこで，クーロン力を (1.10) で $F = qE$ のように電場 E で表したように，磁気力も $F = q_\mathrm{m} B$ のように磁場 B で表してみよう．そうすると，磁荷 q'_m が距離 r の点につくる磁場は

$$B(r) = \frac{\mu_0}{4\pi} \frac{q'_\mathrm{m}}{r^2} \hat{r} \tag{3.22}$$

となるので，比例定数を除けば，(1.11) の電場と同じ形になる．

磁気双極子モーメント

単独の磁荷は実際には見つかっていないので，磁石は磁荷 $\pm q_\mathrm{m}$ のペアの集まりでできた物質だと考えるのが自然である．そこで，図3.9 (a) のような微小な距離 l だけ離れたペアでできた**磁気双極子**を考える．そして，磁気双極子の大きさとその向きを表すベクトル量を

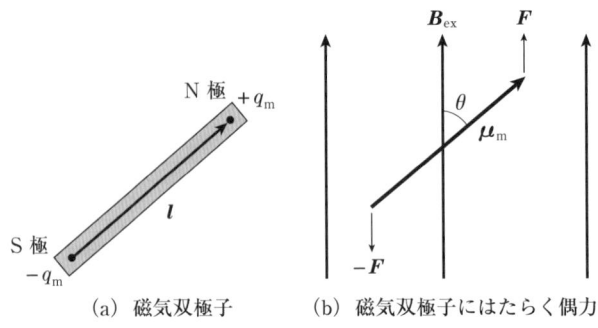

(a) 磁気双極子　　(b) 磁気双極子にはたらく偶力

図 3.9 磁気双極子モーメント $\boldsymbol{\mu}_m$

$$\boldsymbol{\mu}_m = q_m \boldsymbol{l} \tag{3.23}$$

で定義する．$\boldsymbol{l}$ は S 極（$-q_m$）から N 極（$+q_m$）に向かう，大きさ l のベクトルである（$\boldsymbol{l} = l\hat{\boldsymbol{l}}$）．この $\boldsymbol{\mu}_m$ のことを**磁気双極子モーメント**（または**磁気モーメント**）とよぶ．磁気モノポールが存在しないので，この磁気双極子モーメントが磁石の基本的な量になる．

一様な外部磁場 $\boldsymbol{B}_{ex}$ の中に，この磁気双極子モーメントを置くと，図 3.9 (b) のように，磁極に $\boldsymbol{F}$ と $-\boldsymbol{F}$ の偶力がはたらき（$F = q_m B_{ex}$），重心の周りで磁気双極子モーメントを回転させるトルクが生じる．$\boldsymbol{\mu}_m$ と $\boldsymbol{B}_{ex}$ の成す角を θ とすると $d = l \sin\theta$ なので，トルクの大きさ N は (3.16) から

$$N = Fd = (q_m B_{ex})(l \sin\theta) = (q_m l)(B_{ex} \sin\theta) = \mu_m B_{ex} \sin\theta \tag{3.24}$$

である．これに向きも含めれば，トルク $\boldsymbol{N}$ は

$$\boxed{\boldsymbol{N} = \boldsymbol{\mu}_m \times \boldsymbol{B}_{ex}} \tag{3.25}$$

のように，ベクトル積で表される．

ここで，(3.25) と (3.21) を比べると，面積ベクトル $A\hat{\boldsymbol{n}}$ の周りを流れる電流 I（これを**ループ電流**という）は，磁気双極子モーメント

$$\boldsymbol{\mu}_m = IA\hat{\boldsymbol{n}} \tag{3.26}$$

3.3 コイルと磁石の磁場　　　107

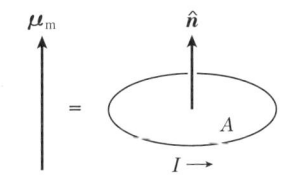

図 3.10 磁石とループ電流の等価な関係

をもつ磁石と同じトルクを磁場から受けることがわかる．つまり，図 3.10 に示すような等価な関係が成り立つ．

[例題 3.4] 磁気双極子がつくる磁場

図 3.11 のように，長さ l の磁気双極子が z 軸上にある．双極子の中心 O を z 軸の原点にとり，そこから z の位置に点 P をとる．

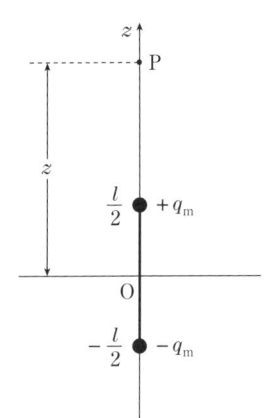

図 3.11 磁気双極子による磁場

（1）点 P での磁場 $B(z)$ の大きさは，$z \gg l$ の場合

$$B(z) = \frac{\mu_0}{2\pi} \frac{\mu_m}{z^3} \tag{3.27}$$

になることを（3.22）から示しなさい．

（2）$z \gg a$ のときに，(2.29) の円電流（面積 $A = \pi a^2$）による磁場と（3.27）が一致することを示しなさい．

[解] (1) 点Pにおける磁場は, 2つの磁荷がつくる磁場の重ね合わせで求まる. 2つの磁荷は原点から $\pm l/2$ の距離にあるから, 点Pと磁荷との距離を r とすると, q_m は $r = z - l/2$ で, $-q_\mathrm{m}$ は $r = z + l/2$ である. したがって, (3.22) から

$$B(z) = \frac{\mu_0}{4\pi}\left\{\frac{q_\mathrm{m}}{\left(z-\frac{l}{2}\right)^2} + \frac{-q_\mathrm{m}}{\left(z+\frac{l}{2}\right)^2}\right\}$$

$$= \frac{\mu_0}{4\pi}\frac{2q_\mathrm{m}lz}{\left(z-\frac{l}{2}\right)^2\left(z+\frac{l}{2}\right)^2} \tag{3.28}$$

を得る. $z \gg l$ より, 分母の $l/2$ は z に比べて無視できるから, 分母は z^4 となる. そして, 分子を $q_\mathrm{m}l = \mu_\mathrm{m}$ とおき換えれば, (3.28) は (3.27) となる.

(2) $z \gg a$ の場合, (2.29) は $r = \sqrt{a^2+z^2} \simeq z$ より

$$B(z) = \frac{\mu_0 I a^2}{2z^3} \tag{3.29}$$

となる. コイルの面積 $A = \pi a^2$ とコイルの磁気モーメント $m (= IA)$ より $Ia^2 = m/\pi$ であるから, (3.29) は

$$B(z) = \frac{\mu_0}{2\pi}\frac{m}{z^3} \tag{3.30}$$

となる. したがって, 図3.7のようなループ電流 I は, 大きさが $\mu_\mathrm{m} = IA$ の磁気双極子モーメントをもった磁石と等価である.

<u>単独の磁荷は見つかっていないから, 磁石の磁気双極子モーメントを生み出す源はループ電流であると考えるのが自然である</u>. そのため, 物質の磁気的効果を生じる原子の磁気双極子モーメントは, 基本的には原子内の荷電粒子によるループ電流で説明される. ループ電流は, 電子の軌道運動と**スピン**(電子のもつ固有の角運動量のこと) などに起因するが, これを正しく理解するには量子力学の勉強が必要である. いずれにしても物質の磁気的な性質, つまり磁性は磁気双極子モーメントで決まる (演習問題 [3.7] を参照).

第3章のまとめ

1. 外部磁場 B_ex の中を速度 v で動く電荷 q の粒子には，大きさが
$$F = qvB_\mathrm{ex} \sin\theta \quad [\text{☞} \ (3.1)]$$
の磁気力がはたらく．θ は速度と磁場の成す角度である．

2. 外部磁場 $\boldsymbol{B}_\mathrm{ex}$ と電場 $\boldsymbol{E}$ の中を速度 $\boldsymbol{v}$ で運動する電荷 q の荷電粒子には，ローレンツ力
$$\boldsymbol{F}_\mathrm{L} = q\boldsymbol{E} + q\boldsymbol{v} \times \boldsymbol{B}_\mathrm{ex} \quad [\text{☞} \ (3.3)]$$
がはたらく．

3. 定常電流 I の流れる長さ L の導線部分には，外部磁場 $\boldsymbol{B}_\mathrm{ex}$ から
$$\boldsymbol{F} = I\boldsymbol{L} \times \boldsymbol{B}_\mathrm{ex} \quad [\text{☞} \ (3.10)]$$
の磁気力がはたらく．

4. 間隔 a で長さ L の平行な導線に流れる電流 I_1 と I_2 の間には
$$F = \frac{\mu_0 I_1 I_2 L}{2\pi a} \quad [\text{☞} \ (3.13)]$$
の大きさの磁気力がはたらく．

5. 一様な外部磁場 B_ex 内で，電流 I の流れるコイル（面積 A）には
$$N = IAB_\mathrm{ex} \sin\theta \quad [\text{☞} \ (3.17)]$$
の大きさのトルクがはたらく．θ はコイル面の法線方向と磁場の成す角度である．

6. 一様な外部磁場 $\boldsymbol{B}_\mathrm{ex}$ の中の磁気双極子モーメント $\boldsymbol{\mu}_\mathrm{m}$ には
$$\boldsymbol{N} = \boldsymbol{\mu}_\mathrm{m} \times \boldsymbol{B}_\mathrm{ex} \quad [\text{☞} \ (3.25)]$$
のトルクがはたらく．

演習問題

以下の問題で必要ならば，$\mu_0 = 4\pi \times 10^{-7}\,\text{Wb}/(\text{A}\cdot\text{m})$ を使うこと．

[3.1] 一様な外部磁場 $\boldsymbol{B} = (\hat{\boldsymbol{i}} + 2\hat{\boldsymbol{j}} - 3\hat{\boldsymbol{k}})\,\text{T}$ の中に，$\boldsymbol{v} = (2\hat{\boldsymbol{i}} - 4\hat{\boldsymbol{j}} + \hat{\boldsymbol{k}})\,\text{m/s}$ の速度で陽子を入射させる．陽子にはたらく磁気力を求めなさい．ただし，陽子の電荷は $q = 1.6 \times 10^{-19}\,\text{C}$ である．ここで，$\hat{\boldsymbol{i}}, \hat{\boldsymbol{j}}, \hat{\boldsymbol{k}}$ は x, y, z 軸の単位ベクトルで，各成分は $\hat{\boldsymbol{i}} = (1, 0, 0)$，$\hat{\boldsymbol{j}} = (0, 1, 0)$，$\hat{\boldsymbol{k}} = (0, 0, 1)$ である． [☞ 3.1 節]

[3.2] 一様な外部磁場 $B = 1.0 \times 10^{-3}\,\text{T}$ に垂直に電子を速さ $v = 1.0 \times 10^6\,\text{m/s}$ で入射させると，電子は円運動をする．この円運動の周期 T を求めなさい．ただし，電子の電荷は $e = -1.6 \times 10^{-19}\,\text{C}$ で，質量は $m = 9.1 \times 10^{-31}\,\text{kg}$ である．
[☞ 例題 3.1]

[3.3] 赤道上のある場所で，導線を東西方向に地面と平行に張る．この場所の地磁気 B（北向き）は水平で $B = 3.3 \times 10^{-5}\,\text{T}$ の大きさである．導線の単位長さ当たりの質量が $\rho = 2 \times 10^{-3}\,\text{kg/m}$ であるとき，導線の重量を磁気力で支えるために，導線に流す電流の大きさ I と向きを求めなさい．ただし，重力加速度 g は $g = 9.8\,\text{m/s}^2$ とする． [☞ 3.1.1 項]

[3.4] 図 3.3 (a) の 2 本の導線 C_1，C_2 に平行に，もう 1 本導線 C_3 を加える．C_1，C_2，C_3 の間の距離 a は等しく，電流 I はすべて同じ方向に流れている．つまり，真上から 3 本の導線を見れば，正三角形の各頂点を通っている．$a = 10\,\text{cm}$，$I = 10\,\text{A}$ として，各導線の単位長さにはたらく力 f を求めなさい． [☞ 例題 3.2]

[3.5] 長方形のコイルが一様な外部磁場 $B = 0.3\,\text{T}$ の中にある．コイルの面の面積は $A = 0.2\,\text{m}^2$ で巻数は $n = 100$ である．コイルに電流 I を流すと，外部磁場からコイルが受ける最大のトルクは $N = 6 \times 10^{-3}\,\text{N}\cdot\text{m}$ であった．I の値を求めなさい． [☞ 例題 3.3]

[3.6] 円形コイルが一様な外部磁場 $B = 2.0\,\text{T}$ の中にある．コイルの面の面積は $A = 0.03\,\text{m}^2$ で巻数は $n = 50$ である．コイルには $I = 0.4\,\text{A}$ の電流が流れている．コイルの磁気モーメント $\boldsymbol{m}$ を磁場と平行な状態から反平行な状態になるまで回転させるとき，それに要する仕事 W を求めなさい． [☞ 3.2 節]

[3.7] デンマークの物理学者ボーアが提唱した水素原子モデルは，原子核の周りを電子が円運動するものである．円の半径 a は $a = 5.3 \times 10^{-11}$ m（ボーア半径という）で，円運動の速さ v は $v = 2.2 \times 10^{6}$ m/s である．電子の運動による磁気モーメントの大きさ μ（1 ボーア磁子という）を求めなさい．ただし，電子の電荷は $e = -1.6 \times 10^{-19}$ C である． [☞ 3.3 節]

第4章

電磁誘導

電磁誘導とは，磁場の中で導線の回路を動かすと，回路内に起電力が生じ，電流が流れる現象である．これは，回路を貫く磁束が変化するときに起こる現象で，発電機や変圧器はこれを応用したものである．

本章では，まずこの電磁誘導現象とこれを記述する法則について述べる．この法則はマクスウェル方程式の1つになる重要なものである．次に，この現象が非定常な電流の流れるコイルに及ぼす効果と，この効果を特徴づけるインダクタンスという量について述べる．

学習目標
1. 電磁誘導の現象を説明できるようになる．
2. レンツの法則を理解する．
3. 誘導電場と静電場の違いを理解する．
4. 電磁誘導は力学的エネルギーを電気的エネルギーに変える現象であることを理解する．
5. インダクタンスを説明できるようになる．
6. 磁場は磁気エネルギーをもつことを理解する．

4.1 ファラデーの電磁誘導の法則

電流による磁場の発生（エルステッドによる発見）は，当然，逆のプロセス —磁場による電流の発生— の存在を予想させたが，単純な実験では見つからなかった．しかし，イギリスの科学者ファラデーによる一連の画期的な実験で，電磁誘導という現象が発見された（1831年）．

4.1.1 電磁誘導を示す実験

電磁誘導の本質的な特徴は，コイルと磁石を使った，次の2つの簡単な実験で示すことができる．

[実験 A (C ← M)：コイル (C) を固定して磁石 (M) を動かす]

図4.1(a) のように，固定されているコイルに棒磁石を近づけたり遠ざけたりすると，コイルに付けたLED（発光ダイオード）が光る．磁石を止めると光らない．

[実験 B (M ← C)：磁石 (M) を固定してコイル (C) を動かす]

図4.1(b) のように，固定されている棒磁石にコイルを近づけたり遠ざけたりすると，LEDが光る．コイルを止めると光らない．

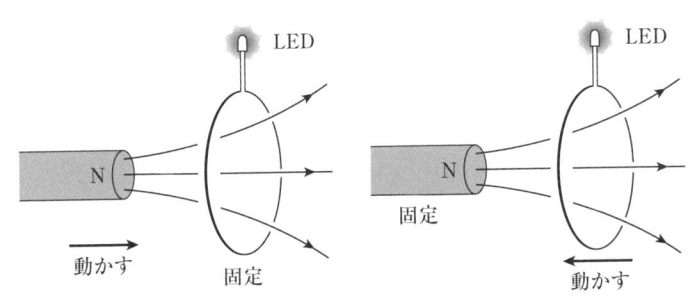

(a) 棒磁石をコイルに近づける　　(b) コイルを棒磁石に近づける

図4.1 電磁誘導

LEDが光るという実験結果から，コイルに電流が流れていることがわかる．2つの実験の共通点は，<u>磁場の増減でコイルの面を貫く磁束 Φ_S（磁力線の数）が変化することである．</u>つまり，磁束の時間変化 ($d\Phi_S/dt$) によりコイルに起電力 V が誘導され，電流が流れる．この電流を**誘導電流**という．この実験から，V が $d\Phi_S/dt$ に比例する ($V \propto d\Phi_S/dt$) ことがわかる．

誘導電流の流れる向きは，LEDを検流計に変えて測定すればわかる．実験

第4章 電磁誘導

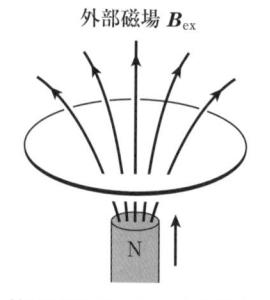

外部磁場 B_{ex}

(a) 外部磁場 B_{ex} の大きさが増加するので，磁力線が増える．

(b) 誘導電流 I の流れる向き

誘導磁場 B

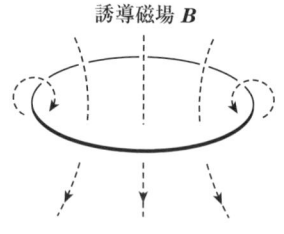

(c) 誘導電流 I がつくる誘導磁場

図 4.2 誘導電流と誘導磁場

A（C←M）の場合，図 4.2（a）のように磁石をコイルに近づけて，コイル面を貫く外部磁場（棒磁石からの磁場）を増やすと，誘導電流は図 4.2（b）の向きに流れる．第 2 章で述べたように，電流はその周りに磁場をつくるので，この誘導電流も図 4.2（c）に示すような磁場（これを**誘導磁場**という）をつくる．この誘導磁場（点線）の向きは，図 4.2（a）の外部磁場（実線）とは逆向きだから，誘導電流は外部磁場の増加を抑える向きに流れる．ただし，実際には，図 4.2（a）から図 4.2（c）に至る現象は同時に起こっている（図 4.3（b）を参照）．

以上の実験結果に基づいて，次のような法則が導かれる．

4.1 ファラデーの電磁誘導の法則

> **ファラデーの電磁誘導の法則（ファラデーの法則）** ―マクスウェル方程式の1つ―
> 回路（コイル）に誘導される起電力 V は，その回路の面を貫く磁場による磁束 Φ_S の時間変化率 $d\Phi_S/dt$ に比例する．また，時間変化する磁場の周りには誘導電場が常に存在する．

この法則は，単に「ファラデーの法則」とよばれることもあるので，本書でもこの簡潔な呼称を用いることにする．ファラデーの法則を式で表せば

$$V = -\frac{d\Phi_S}{dt} \tag{4.1}$$

となる．(4.1)の右辺のマイナス符号は，次節で述べる「レンツの法則」に関わるもので，誘導起電力 V が，面 S を貫く磁束の変化を抑えるように発生することを表している．また，Φ_S は面 S（表裏をもつ）を貫く磁束

$$\Phi_S(t) = \int_S B_n \, da = \int_S \boldsymbol{B}(\boldsymbol{r}, t) \cdot \hat{\boldsymbol{n}} \, da \tag{4.2}$$

で，磁力線の数を表す量である（2.7節を参照）．

境界 C の形が同じでも，その境界を縁とする面 S の形は無数にある．そのため，この法則が成り立つためには，どのような形の面を選んでも磁束 Φ_S は同じ値でなければならない．幸い，これは磁場のガウスの法則 (2.73) から保証される．なぜならば，<u>磁力線はループ状で始点も終点もないから，境界 C の内側を通過した磁力線が，通過後にどこかでその数を変えることはない</u>からである．そのため，磁束の値は面の形状に関係なく常に同じ値になる．

なお，N 巻きのコイルの場合，誘導起電力は

$$V = -N\frac{d\Phi_S}{dt} \tag{4.3}$$

のように，(4.1)の N 倍になる．換言すれば，(4.1)は1巻き（$N=1$）の起電力を表している（演習問題［4.1］を参照）．

┌─**[例題 4.1] 誘導起電力の大きさ**─────────────
│　ある時刻 t のとき，1 巻きのコイルを $\Phi_S = 10\,\mathrm{Wb}$ の磁束が貫いている．この後，この磁束を 0.1 秒の間にゼロにしたとき，コイルに誘導される起電力 V を求めなさい．
└──────────────────────────────

[解]　$\Phi_S(t) = 10$, $\Phi_S(t+0.1) = 0$ より $d\Phi_S = \Phi_S(t+0.1) - \Phi_S(t) = -10$, $dt = 0.1$ である．これらを (4.1) に代入すると，$V = -d\Phi_S/dt = 100\,\mathrm{V}$ となる．

4.1.2　レンツの法則

　この法則は電磁誘導の向きに関するものである．(4.1) のマイナス符号の物理的な意味は，実験 A（C ← M）に関して述べたが，これを次のように一般的に表現したものが**レンツの法則**とよばれるものである（1834 年，ロシアの物理学者レンツ）．

　　　「誘導起電力 V は，常に外部の磁場による磁束の変化を抑え
　　　　るように，誘導電流を流す．」

　レンツの法則を，図 4.3 (a) のようなコイル C（コイルに囲まれた領域を面 S とする）を使って整理してみよう．ここで，コイルの面 S の単位法線ベクトル $\hat{\boldsymbol{n}}$ とコイル C の向き（矢印）の関係を右ネジの規則で決めておく．つまり，<u>$\hat{\boldsymbol{n}}$ を右ネジのネジ先と見なしてネジの頭部を回したとき，ネジの頭部の回る向きを「コイル（より一般的にいえば，回路）C の向き」と決める</u>．
　いま，図 4.3 (b)（これは図 4.2 (a)〜(c) を同時に描いた図である）のように，外部磁場 B_{ex}（実線）が面 S を貫いているとき，B_{ex} と $\hat{\boldsymbol{n}}$ の成す角 θ は鋭角だから，(4.2) の磁束 Φ_S は正の値である（$B_{\mathrm{ex}} \cdot \hat{\boldsymbol{n}}\,da = B_{\mathrm{ex}}\,da\cos\theta > 0$）．$B_{\mathrm{ex}}$ の増加とともに磁束は増加（$d\Phi_S/dt > 0$）するから，誘導電流 I は磁束の増加を抑える（磁束を減らす）向きに流れる．つまり，I の向きはコイル C の向きと反対で，誘導起電力 V は負（$V = -d\Phi_S/dt < 0$）になる．
　一方，図 4.3 (c) のように，B_{ex} の減少とともに磁束が減少（$d\Phi_S/dt < 0$）

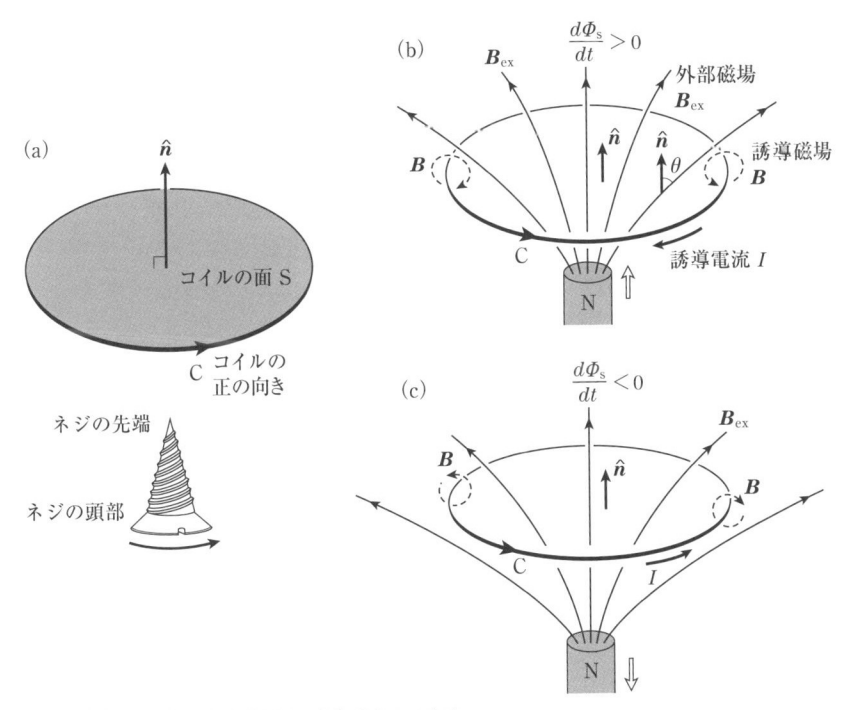

4.1 ファラデーの電磁誘導の法則

図 4.3 レンツの法則と誘導電流 I の向き
 (a) コイル C の向きとコイルの面 S の $\hat{n}$ の向きは右ネジの規則に従う.
 (b) 外部磁場 B_{ex} の増加で磁束が増加する場合
 (c) 外部磁場 B_{ex} の減少で磁束が減少する場合

する場合，誘導電流 I は磁束の減少を抑える（磁束を増やす）向きに流れる．つまり，I の向きはコイル C の向きと同じで，誘導起電力 V は正（$V = -d\Phi_S/dt > 0$）になる．

以上をまとめると，次のようになる．

$V < 0$ → I の向きはコイル（回路）C の向きと反対
$V > 0$ → I の向きはコイル（回路）C の向きと同じ

(参考) エネルギー保存則とレンツの法則

図 4.2 (a) のような場合に，もし誘導電流の向きが図 4.2 (b) とは逆であったとしたら，一体何が起こるだろうか？

まず，流れ始めた誘導電流が，外部磁場による磁束を増加させることになる．磁束の増加によって，誘導電流が増えて，磁束をさらに増加させる．そして，その増加がさらに誘導電流を増やし，磁束をさらに増加させるという無限の連鎖反応が起こる．そうなると，このコイルは初めに与えたエネルギー（仕事）だけで，無限のエネルギーを生み出すことになり，明らかにエネルギーの保存則に反する．もちろん，現実にはレンツの法則に従って電流は流れるから，このようなことは起きない．したがって，<u>レンツの法則はエネルギーの保存則から要請されるごく自然な法則であるともいえる</u>．

4.2　誘導起電力と磁束の変化

4.2.1　誘導起電力

電磁誘導でコイルに電流が流れるのは，コイル内の電荷に電気力や磁気力がはたらくためである．3.1 節で述べたように，速度 v_q で動いている電荷 q にはローレンツ力 $F_L = qE + qv_q \times B$ が外力としてはたらくので，コイルの起電力は

$$V = \frac{W}{q} = \frac{1}{q}\oint_C F_L \cdot dl = \oint_C (E + v_q \times B) \cdot dl \tag{4.4}$$

で与えられる．なぜならば，起電力とはコイル内の単位正電荷に対して外力がする仕事 W/q だからである（(1.47) を参照）．ここで dl はコイル C の経路に沿った微小変位である（$dl = \hat{l}\,dl = dl\,\hat{l}$）．

電荷の速度 v_q には，図 4.4 のように，コイル C の動く速度 v とコイル内での電荷のドリフト速度 v_d の両方が含まれるから，$v_q = v + v_d$ である．そのため，(4.4) の右辺は

$$V = \oint_C (E + v \times B + v_d \times B) \cdot dl \tag{4.5}$$

となる．

4.2 誘導起電力と磁束の変化

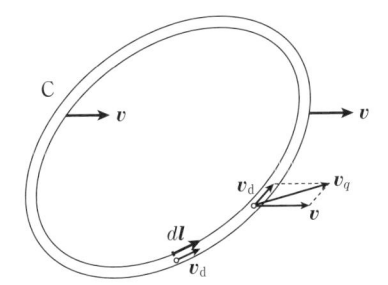

図 4.4 運動するコイル C 内での荷電粒子の速度

ところで，v_d はコイルに沿った速度なので dl と平行である．そのため，それらのベクトル積はゼロ（$dl \times v_d = 0$）になる．このおかげで，(4.5) の3項目は消える．なぜなら，3項目をベクトル公式（数学公式 A.1 のスカラー3重積）を使って変形すれば，$(v_d \times B) \cdot dl = (dl \times v_d) \cdot B = 0 \cdot B = 0$ となるからである．したがって，**誘導起電力**は

$$V = \oint_C (E + v \times B) \cdot dl \tag{4.6}$$

のように，コイル C の運動速度 v だけを含む式になる．

4.2.2 磁束の変化

誘導起電力 V はコイル C を境界にもつ任意の面 S を貫く磁束の時間変化から生まれる．そこで，磁束の時間変化がどのような場合に起こるかを知るために，最も簡単な (2.71) の磁束 $\Phi_S = B \cdot \hat{n} A = BA \cos\theta$ を使って考えてみよう．この (2.71) はコイルの面 S が平面（面積 A）の場合に当たるが，その時間変化率は

$$\frac{d\Phi_S}{dt} = \frac{d(B \cdot \hat{n} A)}{dt} = \frac{d(BA \cos\theta)}{dt} \tag{4.7}$$

である．この式から，磁束の時間変化が起こるのは次のような場合であることがわかる．

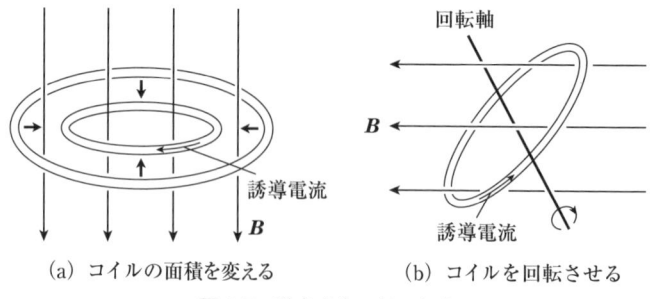

(a) コイルの面積を変える　(b) コイルを回転させる

図 4.5　磁束変化の起こし方

(a) B の大きさ B が時間変化する．つまり，磁場が $B(r,t)$ のように時間に依存している場合．
(b) コイルの面積 A が時間的に変化する場合（図 4.5 (a) を参照）
(c) B とコイルの面の法線との成す角 θ が時間変化する場合（図 4.5 (b) を参照）
(d) これらの任意の組み合わせが時間変化する場合

　特に，コイルが静止している場合は，(a) だけが電磁誘導を起こす原因になることに注意しよう．このとき，磁場が時間だけに依存（つまり，$B(t)$ の場合）していれば，(4.7) は

$$\frac{d\Phi_\mathrm{s}}{dt} = \frac{d(B(t)\cdot\hat{n})}{dt}A = \frac{dB(t)}{dt}\cdot\hat{n}A = \frac{dB(t)}{dt}A\cos\theta \quad (4.8)$$

となる．しかし，磁場が時間 t と空間 $r=(x,y,z)$ の両方に依存（つまり，$B(r,t)$ の場合）して変化すれば，(4.7) の磁束のように B と A と $\cos\theta$ に分けることはできない．したがってこの場合には，(4.2) の磁束を使って

$$\frac{d\Phi_\mathrm{s}}{dt} = \int_\mathrm{S} \frac{\partial(B(r,t)\cdot\hat{n})}{\partial t}da = \int_\mathrm{S} \frac{\partial B(r,t)}{\partial t}\cdot\hat{n}\,da \quad (4.9)$$

と書かなければならない．ここで，<u>このような書き方が許されるのは，コイルを静止させて，曲面 S が固定されている場合だけであることを強調しておきたい</u>．この場合，積分領域は時間変化しないから，磁場 $B(r,t)$ の t だけか

ら時間変化が生じる．そのため，時間微分が積分の中に入り，(4.9) の B は偏微分になる．一方，Φ_S は面積分をした量で空間座標 r に依存せず t だけの関数だから，$d\Phi_S/dt$ のように t の常微分になる．

［例題 4.2］変動する磁場による磁束の変化率

テーブルの上に置かれている 1 巻きの円形コイル（半径 a）の面を，一様な磁場 B が斜め方向（角度 θ）から貫いている．$\theta = \pi/3$, $a = 10$ cm として，磁場が毎秒 0.02 T の割合で増加しているときの磁束の変化率を求めなさい．

［解］ コイルは固定され，θ も一定なので，磁束の変化は (4.8) から求まる．数値を代入すると，$d\Phi_S/dt = (dB/dt)A\cos\theta = 0.02 \times 0.1^2\pi \times \cos(\pi/3) = 0.02 \times 0.0314 \times 0.5 = 3.1 \times 10^{-4} = 0.31$ mV となる．

4.3 誘導電流

4.3.1 変動する磁場の場合

実験 A（C ← M）のように，時間変化する磁場 $B(r,t)$ の中に静止したコイルがある場合の電磁誘導を考えよう．この場合，$v = 0$ だから，(4.6) の誘導起電力は

$$V = \oint_C \boldsymbol{E} \cdot d\boldsymbol{l} = \oint_C E_t\, dl \tag{4.10}$$

で，E が誘導電場を表す．

一方，静止したコイルを貫く磁束の時間変化率は (4.8) や (4.9) で与えられるから，ファラデーの法則 (4.1) は

$$\oint_C \boldsymbol{E}(r,t) \cdot d\boldsymbol{l} = -\frac{dB(t)}{dt} A\cos\theta \tag{4.11}$$

や

$$\oint_C \bm{E}(\bm{r},t)\cdot d\bm{l} = -\int_S \frac{\partial \bm{B}(\bm{r},t)}{\partial t}\cdot \hat{\bm{n}}\, da \tag{4.12}$$

となる（演習問題 [4.2] を参照）．

(4.12) は，コイル C を境界とする面 S を貫く磁場が時間的に変化するとコイル C に誘導電場が現れる，という実験事実から導いた式であるが，一度このような数学的表現にすると，より一般的な（普遍的な）内容を表すことになる．つまり，(4.12) を時間変化する磁場と電場に対する方程式として素直に解釈すれば，コイルや回路の存在と関係なく，(4.12) は自由空間（真空）で「ある面 S を貫く磁場が時間変化するときは，必ず面 S の境界 C に電場が存在する」ことを語っている．

したがって，時間変化する磁場の中に，たまたまコイルや回路があれば，その中の荷電粒子にその電場が作用して，電流が流れるだけで，ファラデーの法則自体はコイルや回路の有無に関係なく成り立つ（[例題 4.3] を参照）．要するに，(4.12) の線積分の経路 C は自由空間（真空）に描いた仮想的な経路と考えてよいのである．

[例題 4.3] ソレノイドの誘導電場

図 4.6 は，半径 R のソレノイド（円筒状の細長いコイルのこと）を中心軸の方向から眺めたものである．いま，このソレノイドに電流 I が流

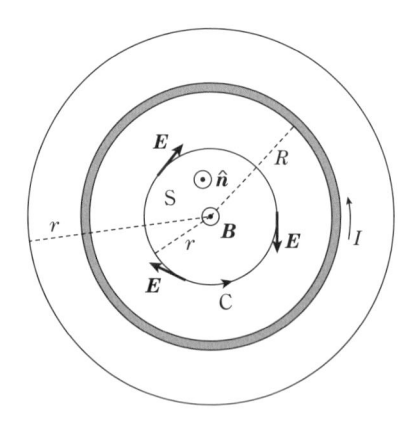

図 4.6　時間とともに増大する電流 I の流れるソレノイドの断面と誘導電場 E

4.3 誘導電流

れ始めると，ソレノイド内に紙面に対して垂直上向きの磁場 B が発生する．そして，磁場の増加とともに誘導電場 E がソレノイドの中心軸を中心とする同心円（その1つを経路 C とする）上に現れる．経路 C に囲まれた面 S の単位法線ベクトル $\hat{\boldsymbol{n}}$ の向きを磁場 B と同じ向きにとれば，経路 C の向きは右ネジの規則から反時計回りである．

（1）レンツの法則から，誘導電場 E の向きを説明しなさい．

（2）単位長当たりの巻数が n のソレノイドの内側（$r < R$）と外側（$r > R$）での誘導電場 E の大きさは

$$E = -\frac{\mu_0 n r}{2}\frac{dI}{dt} \quad (r < R) \tag{4.13}$$

$$E = -\frac{\mu_0 n R^2}{2r}\frac{dI}{dt} \quad (r > R) \tag{4.14}$$

であることを示しなさい．

[解]（1）電流 I とともに，磁場 B は $\odot$ 向きに増加するので，それを抑えるように誘導磁場が生じる．この誘導磁場を生み出す誘導電流は経路 C と逆向きに流れる．誘導電場は誘導電流と同じ向きであるから，図 4.6 のようになる．

（2）巻数 n のソレノイド内の磁場は，(2.48) より $B = \mu_0 n I$ である．図 4.6 のように，面 S の $\hat{\boldsymbol{n}}$ の向きと磁場 B の向きは同じ（$\theta = 0$）だから，磁束 Φ_S は $\Phi_S = BA\cos\theta = BA\cos 0 = BA$ である．A はソレノイド内部の円（半径 r）の面積 $A = \pi r^2$ である．(4.11) から

$$V = \oint_C \boldsymbol{E}\cdot d\boldsymbol{l} = \oint E\,dl = E\oint dl = 2\pi r E = -\frac{dB}{dt}A = -\frac{d(\mu_0 n I)}{dt}\pi r^2 \tag{4.15}$$

となるので，5番目と7番目の式から (4.13) が導かれる．題意より $dI/dt > 0$ であるから，(4.15) の右辺は負である．このため，起電力 V は負になるから，誘導電流の向きは経路 C の向きと逆になり，当然，(1) のレンツの法則と一致する．

ソレノイドの外側では $A = \pi R^2$ なので，(4.15) の6番目に代入すると (4.14) が導かれる．

第2章の［例題2.8］で述べたように，理想的なソレノイドの外側には磁場は存在しない．しかし，この［例題4.3］の(4.14)は，<u>ソレノイドの内側の磁場が時間的に変化すれば，外側にも誘導電場が発生することを示している．つまり，磁場がなくても電流を発生させることができるのである．</u>

（参考）誘導電場と静電場

第1章で述べたように，静電場は保存力からつくられる場なので，渦なしの場である．このため，静電場の周回積分は(1.55)のようにゼロになるから，(4.12)の誘導電場に静電場を加えても，積分の値は変わらない．つまり，(4.12)の左辺の電場は，厳密に言えば「静電場＋誘導電場」である．

なお，誘導電場は，渦なしの静電場と異なるループ状だから，非保存力からつくられる場である．このような場を**ソレノイダル**な場という．

渦 電 流

磁石を金属板に近づけたり，その上で動かしたりすると，金属板に誘導電流が流れる．これは，金属板を貫く磁束が変化して，電磁誘導が起こるためである．このときの誘導電流を**渦電流**という．

図4.7(a)のように，銅板の上で磁石Aを右向きに動かす．磁石が遠ざかる側は，銅板を下向きに貫く磁場の減少で磁束が減少するため，その変化を

(a) 銅板上を運動する磁石A

(b) 渦電流に等価な磁石1と磁石2

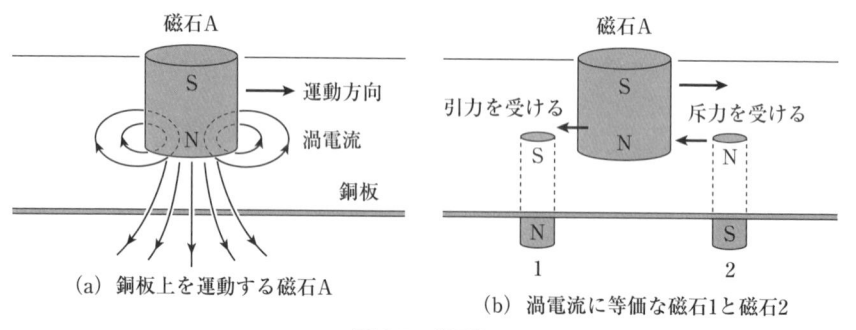

図4.7　渦電流

抑える向き（下向き）の磁場をつくるように渦電流が流れる（時計回り）．一方，磁石 A が近づく側は，銅板を下向きに貫く磁束が増加するため，その変化を抑える向き（上向き）の磁場をつくるように渦電流が流れる（反時計回り）．したがって，磁石 A の運動とともに銅板内に渦電流が流れる．

この渦電流の役割は，図 4.7（b）のような 2 つの小さな磁石 1 と磁石 2 に置き換えることができる．つまり，磁石 A は磁石 1 からは引力，磁石 2 からは斥力を受け，その結果，磁石 A の運動を妨げる（ブレーキになる）向きに磁気力がはたらく．

（参考）渦電流の応用

この現象は磁気力によって生じるため，金属板と磁石が接触しなくても，その効果が現れる．そのため，新幹線などの鉄道車両やバスやトラックなどの大型車では，渦電流ブレーキ（渦電流式ディスクブレーキ）として補助ブレーキ装置に利用されている．

また，渦電流は電磁調理器（IH 調理器）にも利用されている．IH とは誘導加熱（Induction Heating）のことである．電磁調理器に金属製の鍋を置くと，鍋の底に流れる渦電流によって発生するジュール熱で食材が加熱される．

4.3.2 運動するコイルの場合

時間変化しない磁場 $B(r)$ の中でコイルだけが運動する場合を考えよう．実験 B（M ← C）が，この場合の例に当たる．この例では，電場は存在しない（$E = 0$）ので，(4.6) の誘導起電力 V は

$$V = \oint_C \{v \times B(r)\} \cdot dl \tag{4.16}$$

となる．

いま，磁場 B は一定（$dB/dt = 0$）なので，(4.7) は

$$\frac{d\Phi_S}{dt} = B\left(\frac{dA}{dt}\right)\cos\theta + BA\left(\frac{d\cos\theta}{dt}\right) \tag{4.17}$$

となり，磁束の変化はAとθの時間変化から生じる．もちろん，(4.17) を

$$\frac{d\varPhi_{\mathrm{s}}}{dt} = \frac{d(BA\cos\theta)}{dt} \tag{4.18}$$

と書いてもよいから．この場合のファラデーの法則 (4.1) は

$$V = -\frac{d(BA\cos\theta)}{dt} \tag{4.19}$$

となる．あるいは，(4.2) の磁束を使って

$$\boxed{V = -\frac{d}{dt}\int_{\mathrm{S}} \boldsymbol{B}(\boldsymbol{r})\cdot\hat{\boldsymbol{n}}\,da} \tag{4.20}$$

のように，もっと一般的に表すこともできる．ただし，<u>このとき$\hat{\boldsymbol{n}}$やdaが時間tの関数になっていることに注意しよう</u>．いずれにしても，この場合の誘導起電力Vは (4.16) だけでなく，(4.19) や (4.20) を用いても計算できる．

（1） 交流発電機の原理

図 4.8 (a) のように，長方形（面積A）のコイルが一様な磁場$\boldsymbol{B}$の中で，一定の角速度ωで回転している．磁場と回転軸 OO′ が垂直であるとき，コイルの端子 a と b の間には

$$V = AB\omega\sin\omega t \tag{4.21}$$

の起電力（電圧）が発生する．このように時間tとともに周期的に変化する起電力を**交流起電力**とよび，第 6 章で扱う交流回路の電源に使われる．

［例題 4.4］交流の生成

（1）(4.19) のファラデーの法則を用いて，(4.21) の起電力を導きなさい．

（2）コイルに交流が流れることを説明しなさい．

［解］（1）コイルの面積Aが一定で，$\theta = \omega t$なので，(4.19) は

$$V = -BA\frac{d\cos\omega t}{dt} = AB\omega\sin\omega t \tag{4.22}$$

4.3 誘導電流

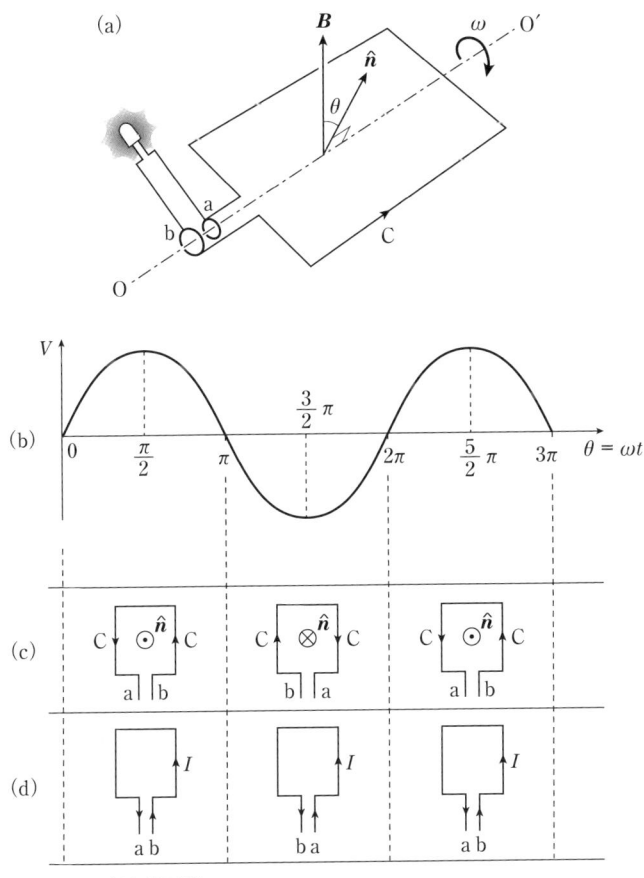

図 4.8 交流発電機
 (a) 一様な磁場 B の中で回転するコイル C
 (b) 誘導起電力 V の符号
 (c) コイル C の向きとコイル面の法線ベクトル $\hat{n}$ の向き
 (d) コイル C 上の誘導電流 I の向きと端子 a, b での I の向き

となる.
 (2) (4.21) から図 4.8 (b) のように,起電力の符号は $\sin\omega t$ に従って変化する. $V > 0$ は $\sin\omega t > 0$ のときだから, ωt が $2n\pi < \omega t < (2n+1)\pi$ の範囲 (n は整数) にあるときで,これ以外の範囲では $V < 0$ である. コイル C の向きとコイル面の単位法線ベクトル $\hat{n}$ の向きとの関係は,右ネジの規則 (図 4.3 (a) を参照)

より，図 4.8（c）のようになる．

　誘導電流 I は，V が正のときはコイル C の向きに，V が負のときはコイル C の向きと逆向きに流れるから，図 4.8（d）に示すように流れる．このとき，端子 a と端子 b の電流はコイルが半回転するごとに向きを変えることがわかる．このように，周期的に流れの向きを交互に変える電流を**交流**という．

（2）動く導体棒

　図 4.9（a）のように，平行な導体棒（レール）の左端に抵抗 R をつないだコの字型の導体棒（レールの間隔 l）が一様な磁場 $\boldsymbol{B}$ に垂直に固定して置いてある．その上に別の導体棒をのせると，閉じた回路になる．いま，この導体棒（長さ l）に右向きの力 $\boldsymbol{F'}$ を加えて一定の速度 $\boldsymbol{v}$ で動かすと，回路には

$$V = Blv \tag{4.23}$$

の大きさの起電力が発生する．

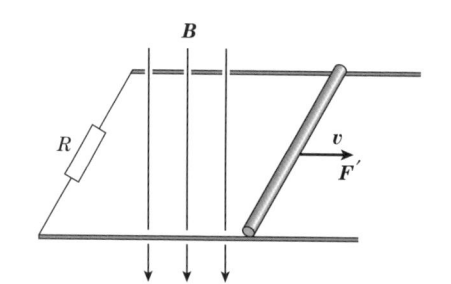

(a) 一様な磁場 $\boldsymbol{B}$ の中を動く導体棒　　(b) 回路 C の向きと回路の面 S の $\hat{\boldsymbol{n}}$ の向き

図 4.9　レール上の導体棒

［例題 4.5］導体棒の運動

（1）(4.23) の起電力を，(4.19) のファラデーの法則を用いて導きなさい．

（2）(4.23) を，(4.16) の誘導起電力の式から直接導きなさい．

（3）$R = 1\,\Omega$, $B = 0.5\,\mathrm{T}$, $l = 1\,\mathrm{m}$, $v = 1\,\mathrm{m/s}$ のとき，回路に流れる電流 I と抵抗 R で発生するジュール熱 Q_J を求めなさい．

[解] （1） 回路Cの向きを図4.9(b)のように選ぶと，回路の面S（図4.3(a)のコイルの面Sと同じ）の単位法線ベクトル$\hat{n}$は，磁場とは逆向き（$\theta = \pi$）になる．回路の面積Aは$A = lx$であるから，回路に生じる誘導起電力は（4.19）より

$$V = -\frac{d(BA\cos\pi)}{dt} = B\frac{dA}{dt} = B\frac{d(lx)}{dt} = Bl\frac{dx}{dt} = Blv \quad (4.24)$$

となる．もし回路Cの向きを図4.9(b)と逆に選ぶと，$\theta = 0$なので$V = -Blv$となる．したがって，Vの大きさは（4.23）で与えられる．

ここで，レンツの法則を確認しておこう．$Blv > 0$だから，$V = Blv$のときは$V > 0$で，Iは回路C（反時計回り）と同じ向き（反時計回り）に流れる．一方，$V = -Blv$のときは$V < 0$なので，Iは回路C（時計回り）と逆向きに流れる．つまり，どちらの場合でも誘導電流は反時計回りに流れて，外部磁場の増加を抑える．

（2） 図4.9(b)に示すP_1P_2部分だけがvで動くから，（4.16）は

$$V = \oint_C (\boldsymbol{v} \times \boldsymbol{B}) \cdot d\boldsymbol{l} = \int_{P_1}^{P_2} vB\, dl = vB\int_{P_1}^{P_2} dl = vBl \quad (4.25)$$

となる（演習問題［4.3］を参照）．

（3） 回路内の抵抗はRなので，誘導電流Iはオームの法則$I = V/R$と（4.23）から，$I = |V|/R = Blv/R$である．数値を代入すると，$I = 0.5\,\text{A}$である．ジュール熱は$Q_J = RI^2 = 1 \times 0.5^2 = 0.25\,\text{W}$となる．

エネルギー保存則から見たファラデーの法則の意味

［例題4.5］の（3）で求めたジュール熱は，どこから生まれたのだろうか？ エネルギーが保存するならば，導体棒にはたらく外力による仕事がこのジュール熱の源になっているはずである．外力の仕事は，例えば導体棒を手で押していく運動によって成されるから，この仕事は力学的エネルギーを生み出す．そこで，この力学的エネルギーがジュール熱の発生源になっているのかを調べてみよう．

回路には電流Iが流れているので，一定の速さvで動いている長さlの導体棒には磁気力$F = IlB$がはたらく．磁気力のはたらく向きは，導体棒の運動方向とは反対の左向きである．そのため，導体棒を右方向に運動させるためには，磁気力と逆向きの外力F'を導体棒に加え続けなければならない．このときの導体棒（質量m）に対するニュートンの運動方程式は

$$m\frac{dv}{dt} = F' - F \tag{4.26}$$

である.

いま，v は一定（$dv/dt = 0$）であるから，$F' - F = 0$ より，外力は $F' = IlB$ である．この外力 F' が導体棒を dx だけ動かすとき，外力のする仕事は $dW = F' dx$ であるから，仕事率 P は

$$P = \frac{dW}{dt} = F'\frac{dx}{dt} = F'v = IlBv = RI^2 \tag{4.27}$$

となる．ここで $Blv = RI$ という関係を使った．この (4.27) から，外力 F' の仕事率がジュール熱 RI^2 に変化していることがわかる．つまり，外力による力学的エネルギーが回路で消費される電気エネルギーになる．

このように，力学的エネルギーと電気的エネルギーの相互移行を可能にするものが，電磁誘導なのである．なお，ここで強調しておきたいことは，仕事をするのは導体棒を動かす外力 F' であって，磁気力 IlB ではないことである（磁気力は仕事をしない）．

（参考）ファラデーの法則に現れる2種類の起電力について

ファラデーの法則には，電気力による起電力 (4.10) と磁気力による起電力 (4.16) が現れる．この2種類の起電力が磁束の時間変化率 $d\Phi_S/dt$ に等しいこと，すなわち

$$[電気力による起電力(4.10)] + [磁気力による起電力(4.16)] = -\frac{d\Phi_S}{dt} \tag{4.28}$$

がファラデーの法則 (4.1) である．

付録 D で示すように，$d\Phi_S/dt$ を一般的に計算すれば，$d\Phi_S/dt$ は

$$\frac{d\Phi_S}{dt} = \underbrace{\int_S \frac{\partial \boldsymbol{B}}{\partial t}\cdot\hat{\boldsymbol{n}}\,da}_{\text{（磁場の時間変化による項）}} - \underbrace{\oint_C (\boldsymbol{v}\times\boldsymbol{B})\cdot d\boldsymbol{l}}_{\text{（コイルの運動による項）}} \tag{4.29}$$

のように2つの項に分かれる．この (4.29) を (4.28) の右辺に代入すると，(4.28) は (4.12) になることがわかる．したがって，ファラデーの法則 (4.1)

には起源の異なる2つの誘導起電力（(4.10) と (4.16)）が含まれるが，(4.10) だけがローレンツ力では説明できない新しい起源をもつ現象である．(4.12) の法則が電磁波を生み出す重要な役割を担うことを第5章で述べる．

誘導電場と電磁場の相対性について

電磁誘導を示す実験A（C ← M）（図4.1 (a)）と実験B（M ← C）（図4.1 (b)）をもう一度よくみてみよう．実験Aで静止しているコイルに電流を流すのは誘導電場 E である．一方，実験Bで速度 v で動くコイルに電流を流すのは，磁場による磁気力 $F = qv \times B$ である．同じ電磁誘導でありながら，その原因が異なることは奇妙である．

しかし，想像をたくましくして実験A（C ← M）を磁石に乗って眺めたとすれば，磁石の方にコイルが近づいてくる（M ← C）ことになり，実験Aは実験Bと同じに見える．このように考えると，<u>2つの実験は磁石とコイルの間の相対運動（C ↔ M）で結び付くので，電場と磁場の間には一定の関係が存在することになる．</u>このような電場と磁場の相対的な関係を考慮してファラデーの法則を見直すと，2種類の起電力が現れる理由も明解になる（付録Eを参照）．

また，ファラデーの法則 (4.1) を

$$\oint_C E \cdot dl = -\frac{d}{dt}\int_S B \cdot \hat{n}\, da \tag{4.30}$$

のように表す本もある（右辺の微分は磁束に作用するから，t の常微分になることに注意）が，この表現の E と (4.12) の E は，付録Eで説明するように，一般に異なる．そのため，(4.30) の E の解釈には注意がいる．

すでに述べたように，ファラデーの電磁誘導の法則には，2つの異なる現象（(4.1) と (4.12)）が含まれている．そのため，(4.1) を「磁束の法則」，(4.12) を「ファラデーの法則」とよんで区別することもある．第5章で扱うマクスウェル方程式には，(4.12) の「ファラデーの法則」が使われる．

4.4 インダクタンス

電磁誘導は，非定常な電流の流れるコイルに2種類の誘導現象を引き起こす．それは，1つのコイルだけで起こる自己誘導と，2つ以上のコイルの間で起こる相互誘導で，これらは<u>電流に慣性を与える現象である</u>．

4.4.1 自己誘導と LR 回路

いま，図 4.10 のように，N 巻きのコイルを貫く磁場（実線）による全磁束 $\Phi_{\text{total}} = N\Phi$ が，コイルを流れる電流 I で生じているとする．この全磁束は電流に比例する（$\Phi_{\text{total}} \propto I$）ので，比例定数を L として

$$\Phi_{\text{total}} = N\Phi = LI \tag{4.31}$$

のように表せる．この比例定数 L をコイルの**自己インダクタンス**または**自己誘導係数**という．L の値は，コイルの形状で決まる正の定数である．

この電流 I が時間変化して磁束が変動すれば，電磁誘導によって，コイルに

$$\boxed{V = -\frac{d\Phi_{\text{total}}}{dt} = -N\frac{d\Phi}{dt} = -L\frac{dI}{dt}} \tag{4.32}$$

の誘導起電力 V が生じて誘導電流が流れる（演習問題 [4.4] を参照）．その

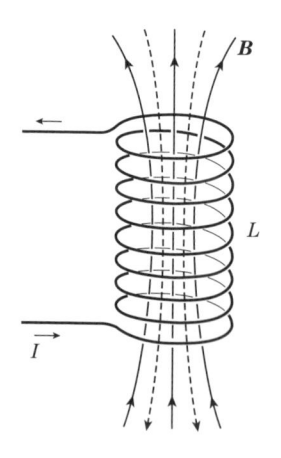

図 4.10 コイルの自己誘導．実線は I による磁場，点線はインダクタンス L のコイルによる誘導磁場を表す．

4.4 インダクタンス　　133

結果，磁束の変化を抑えるように，コイルに磁場（点線）が発生する．

このように，コイルを流れる電流が時間変化するとき，電磁誘導によってコイル自身に起電力が生じる現象を**自己誘導**という．

自己誘導の起電力は，(4.32) の負符号のため，電流 I を流す電源の起電力とは逆向きになるので，**逆起電力**とよばれる．そのため，<u>回路の中にコイルがあれば，電源とは逆の極性をもつ電池（起電力の大きさは $L\,dI/dt$）が接続されていると考えてよい</u>（次頁の LR 回路の図 4.11 (b) を参照）．

インダクタンスの単位 H = V·s/A　　インダクタンスの単位は，(4.32) より電位差（V）を電流の変化率（A/s）で割ったもの V ÷ (A/s) だから，V·s/A である．これをヘンリー（H）とよび，1 H = 1 V·s/A である．なお，単位の呼称はヘンリーの名に由来する．

コイルの自己インダクタンス

図 4.10 のような，導線を一様に N 巻きしたコイルの断面積を A，長さを l とする．いま，l がコイルの半径に比べて非常に長いとき，この細長いコイル（ソレノイド）の自己インダクタンス L は

$$L = \frac{\mu_0 N^2 A}{l} = \mu_0 n^2 l A \qquad (4.33)$$

で与えられる．ここで，$n = N/l$ はコイルの単位長さ当たりの巻数である．

［例題 4.6］ソレノイドの自己インダクタンス

(1) (4.33) の自己インダクタンス L を導きなさい．

(2) $l = 25\,\text{cm}$, $A = 5\,\text{cm}^2$, $N = 300$ として，L の値を求めなさい．ただし，$\mu_0 = 4\pi \times 10^{-7}\,\text{Wb}/(\text{A·m})$ である．

［解］（1）電流 I の流れる巻数 n のソレノイド内の磁場は，(2.48) の $B = \mu_0 n I$ である．1 巻きのコイル（断面積 A）を貫く磁束 Φ は $\Phi = BA$ だから，N 巻きの全磁束 Φ_{total} は $\Phi_{\text{total}} = N\Phi = NBA = (nl)(\mu_0 nI)A = \mu_0 n^2 l A I$ である．したがって，(4.31) の $L = \Phi_{\text{total}}/I$ より (4.33) となる．

（2）(4.33) に $l = 0.25\,\text{m}$, $A = 5 \times 10^{-4}\,\text{m}^2$, $N = 300$ を代入すると，$L =$

$\mu_0 N^2 A/l = (4\pi \times 10^{-7}) \times 300^2 \times (5 \times 10^{-4})/0.25 = 0.226 \times 10^{-3} = 0.226\,\mathrm{mH}$
となる.

次に，回路内にコイルがある場合，回路を流れる電流に自己誘導がどのような影響を与えるかを LR 回路でみてみよう.

LR 回 路

図 4.11(a) のように，自己インダクタンス L のコイルと抵抗 R の抵抗器と起電力 V_0 の電源を直列に接続した回路のことを **LR 回路**という．スイッチ S を閉じると，コイルの部分に逆起電力 $V = -L\,dI/dt$ が発生するために，回路全体の起電力は $V_0 + V$ となる．これが抵抗 R の両端の電圧降下 RI に等しくなるから，オームの法則より

$$V_0 + V = V_0 - L\frac{dI}{dt} = RI \tag{4.34}$$

という関係が成り立つ.

なお，(4.34) を次のように考えて導くこともできる．コイルによる逆起電力は回路の電源と逆の極性をもつ電池と見なせるから，図 4.11(a) の L を電池に置き換えて図 4.11(b) のように表すことができる．この図 4.11(b) にキルヒホッフの第 2 法則を適用すれば (4.34) になる.

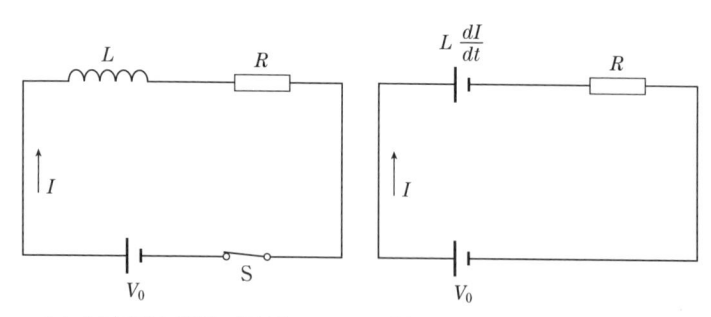

(a) LR 回路と電源の起電力 V_0 (b) LR 回路の逆起電力 $L\,(dI/dt)$

図 4.11 LR 回路と逆起電力

4.4 インダクタンス

― [例題 4.7] **LR 回路の電流** ―――――――――――――

（1） 図 4.11(a) の LR 回路のスイッチ S を入れてから t 秒後に回路に流れる電流は

$$I(t) = \frac{V_0}{R}(1 - e^{-Rt/L}) \tag{4.35}$$

であることを（4.34）から示しなさい．

十分に時間が経つと，(4.35) の $e^{-Rt/L}$ はゼロになるので，回路に流れる電流は $I = V_0/R$ である．この状態になってから，回路のスイッチを切る．

（2） スイッチを切ってから t 秒後に回路を流れる電流は

$$I(t) = I_0\, e^{-Rt/L}, \qquad I_0 = \frac{V_0}{R} \tag{4.36}$$

であることを示しなさい．

[解]（1） まず，オームの法則（4.34）を

$$L\frac{dI(t)}{dt} + RI(t) - V_0 = 0 \tag{4.37}$$

と書いて，$RI - V_0$ を変数 $Y = RI - V_0$ に変える．この Y を t で微分すると，V_0 は定数だから $R\,dI/dt = dY/dt$ となることに注意すれば，(4.37) は

$$\frac{dY}{dt} + \frac{R}{L}Y = 0 \tag{4.38}$$

のように Y に関する微分方程式になる．(2.58) と同形だから，解は

$$Y(t) = Y(0)\, e^{-Rt/L} \tag{4.39}$$

である．$t = 0$ で $I(0) = 0$ だから $Y(0) = -V_0$ である．したがって，(4.39) を $I(t)$ で書き直せば (4.35) を得る．図 4.12(a) は (4.35) の $I(t)$ のグラフである．

（2） $t = 0$ で電源の起電力をゼロにしたので，この問題は (4.34) で $V_0 = 0$ とおいた

$$\frac{dI}{dt} + \frac{R}{L}I = 0 \tag{4.40}$$

を使えばよい．(4.40) は (4.38) と同じ形であるから，解は (4.39) で Y を I に変えたものになる．したがって，$I(0) = I_0 = V_0/R$ より (4.36) を得る．図 4.12 (b)

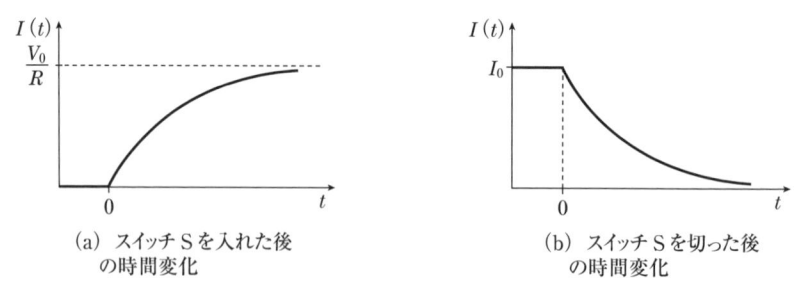

(a) スイッチSを入れた後の時間変化

(b) スイッチSを切った後の時間変化

図4.12 LR回路の過渡電流Iの振る舞い

は (4.36) の $I(t)$ のグラフである.

この [例題 4.7] からわかるように, 電流の流れていない LR 回路のスイッチを入れても, 電流は瞬時にオームの法則の値 V_0/R にならない (図 4.12(a)). また, 電流 $I = V_0/R$ の流れている回路のスイッチを切っても, 切った瞬間に電流はゼロにならない (図 4.12(b)). このように, <u>電流が急激な変化をきらう (つまり慣性をもつ) のは, コイルの自己誘導のためである</u>.

4.4.2 相互誘導と変圧器

図 4.13 のような 2 つのコイル (N_1 巻きのコイル 1 と N_2 巻きのコイル 2) を考えよう. コイル 1 に電流 I_1 を流すと, コイル 1 がつくる磁場 (実線) の一部が, N_2 巻きのコイル 2 を通過する磁束 $N_2\Phi_{1\to 2}$ になる. この磁束 $N_2\Phi_{1\to 2}$ は I_1 に比例 ($N_2\Phi_{1\to 2} \propto I_1$) するから, 比例定数を $M_{1\to 2}$ とすれば

$$N_2\Phi_{1\to 2} = M_{1\to 2}I_1 \tag{4.41}$$

と表せる. この比例定数 $M_{1\to 2}$ を**相互インダクタンス**という.

$M_{1\to 2}$ の値は, 2 つのコイルの形状や相対的な配置で決まる. 例えば, コイル間の距離を大きくすると, コイルをつなぐ磁束は減少するから, $M_{1\to 2}$ は当然小さくなる.

この電流 I_1 が時間的に変化すれば, 電磁誘導によって, コイル 2 には

4.4 インダクタンス

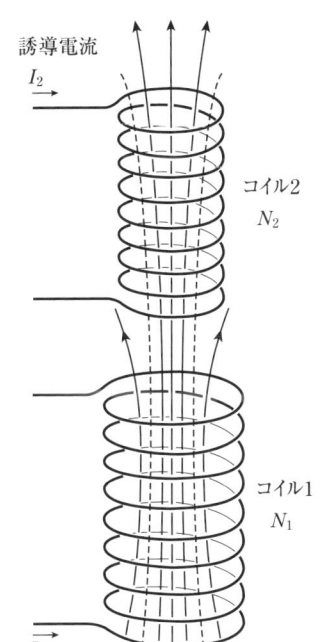

図 4.13 相互誘導．コイル1に流した電流 I_1 による磁場（実線）の一部がコイル2を貫いて誘導電流 I_2 を流す場合を描いている．点線は I_2 による誘導磁場である．

$$V_2 = -\frac{d(N_2 \Phi_{1\to 2})}{dt} = -M_{1\to 2}\frac{dI_1}{dt} \qquad (4.42)$$

の誘導起電力 V_2 が生じて電流 I_2 が流れる．その結果，磁束 $\Phi_{1\to 2}$ の変化を抑えるように，コイル2に磁場（点線）が発生する．この現象は2つのコイルの相互作用によって生まれるので，**相互誘導**とよばれる．

同様に，コイル2に電流 I_2 を流したとき，I_2 の変化によって，コイル1に誘導される起電力 V_1 を考えることもできる．この場合は，(4.42) の添字1と2を入れ替えた

$$V_1 = -M_{2\to 1}\frac{dI_2}{dt} \qquad (4.43)$$

が成り立つ．そして，この相互インダクタンスは，コイル1から見ても，

コイル2から見ても当然同じはずだから

$$M_{1\to 2} = M_{2\to 1} = M \tag{4.44}$$

という関係が成り立つ．これを**相反定理**という．

なお，(4.42) と (4.43) は，形式的に自己誘導の起電力 $V = -L(dI/dt)$ と同じであるから，単位も H（ヘンリー）である．

2つのコイルの相互インダクタンス

図 4.14 のように，導線を N_1 巻きした細長いコイル1（断面積 A，長さ l）に他の導線を N_2 回巻いて，短いコイル2をつくる．コイル1に電流 I_1 を流すと，相互インダクタンス M は

$$M = \mu_0 \frac{N_1 N_2 A}{l} \tag{4.45}$$

で与えられる．

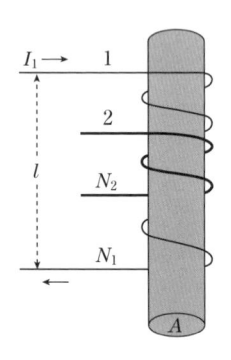

図 4.14 2つのコイルの相互インダクタンス

[例題 4.8] 相互インダクタンス

（1） コイル1の磁場はソレノイドと同じ (2.48) であると仮定して，(4.45) の相互インダクタンス M を導きなさい．

（2） $N_1 = 500$，$l = 0.5\,\mathrm{m}$，$A = 3 \times 10^{-3}\,\mathrm{m}^2$，$N_2 = 8$ の場合，M の値を求めなさい．ただし，$\mu_0 = 4\pi \times 10^{-7}\,\mathrm{Wb/(A \cdot m)}$ である．

[解] （1） 電流 I_1 が流れるソレノイドの磁場は，(2.48) の $B = \mu_0 n_1 I_1 = \mu_0 N_1 I_1/l$ である．この磁場 B が N_2 巻きのコイル2を通過するので，磁束 $N_2 \Phi_{1\to2}$ は $N_2 \Phi_{1\to2} = N_2 B A$ である．したがって，相互インダクタンス M は (4.41) の $M_{1\to2} = N_2 \Phi_{1\to2}/I_1$ より (4.45) を得る（演習問題 [4.5] を参照）．

（2） (4.45) に数値を代入すると，$M = 30.1\,\mu$H となる．

変 圧 器

変圧器（トランスともいう）は，相互誘導を利用して交流の電圧を変える装置である．変圧器の構造は，図 4.15 のような鉄心の枠に2つのコイルを巻いたもので，N_1 巻きの1次コイル（入力側のコイルの呼称）と N_2 巻きの2次コイル（出力側のコイルの呼称）で構成されている．1次コイルに交流を流すと，磁場が時間変化するため，鉄心内の磁束も変化して相互誘導を起こす．両方のコイルは同一の鉄心でつながっているから，磁束も磁束変化率も同じである．したがって，2つのコイルに生じる誘導起電力を V_1, V_2 とすれば，それぞれの起電力は $V_1 = -N_1 d\Phi/dt$ と $V_2 = -N_2 d\Phi/dt$ であるから，比 V_1/V_2 をとれば

$$N_1 V_2 = N_2 V_1 \tag{4.46}$$

が成り立つ（演習問題 [4.6] を参照）．

変圧器は，1次コイルから2次コイルへ電力（エネルギー）を移す装置である．エネルギーの保存則から，2次コイルから取り出される電力は，1次コイルの

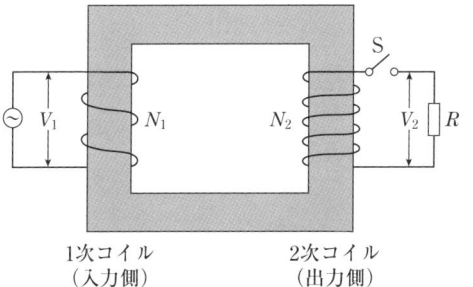

図 4.15 変圧器

1次コイル（入力側）　　2次コイル（出力側）

電力を上回ることはできない．もし，変圧器内でのジュール熱による電力損失が無視できれば，1次コイルと2次コイルの電力は等しいから

$$I_1 V_1 = I_2 V_2 \tag{4.47}$$

が成り立つ．このような変圧器を**理想的な変圧器**という．もちろん，現実の変圧器は鉄心部の発熱などで電力の損失が起こるため，2次コイルの電力は小さくなる．

(参考) 変圧と送電

　日常生活で交流が使われる理由は，変圧器によって簡単に電圧を変えられる（これを**変圧**という）からである．例えば，100 V の家庭用電圧をパソコン用に 10 V 程度にしたり，電子レンジ用に 5000 V 程度にもできる．このような交流は，発電所の発電機でつくられているが，その電力を市街地まで届けるときにも変圧器が利用される．発電機は数千 V 程度の交流起電力（V_1 に当たる）を生じるが，この起電力は数十万 V の高電圧（V_2 に当たる）に変圧されて，送電線で市街地まで送られる．高電圧にして送電する理由は，高電圧にすると低電流となり送電中の RI^2 損失（ジュール熱損失）が抑えられるためである．送電された高電圧は，変電所や電柱の変圧器などによって降圧され，家庭用の電圧に調整される．このように，自由に変圧できるのが交流の利点である．

4.5　磁場のエネルギー

LR 回路（図 4.11）のスイッチを入れた瞬間，コイルの逆起電力は電源 V_0 から流れる電流 I を抑える向きにはたらく．このため，<u>回路に電流を流し続けるためには，電源はコイルに逆らって仕事をしなければならない</u>．

LR 回路の (4.34) の両辺に I を掛けた式

$$IV_0 = RI^2 + LI\frac{dI}{dt} \tag{4.48}$$

は，(2.14) のところで述べたように，エネルギーの保存則を表している．(4.48) は電源の電力 IV_0（仕事率）が抵抗 R でのジュール熱 RI^2 とコイルに蓄えられる単位時間当たりの磁気エネルギー $LI(dI/dt)$ に変わることを意味

4.5 磁場のエネルギー

している．したがって，ある時間 T の間に，コイルに流れる電流を 0 から I まで増加させるためには，電源は

$$W = \int_0^T LI\left(\frac{dI}{dt}\right)dt = L\int_0^I I\,dI = \frac{LI^2}{2} \qquad (4.49)$$

だけの仕事をしなければならない．この W が**磁気エネルギー**であり，そして，これが電流 I の流れているコイルに蓄えられる**磁場のエネルギー** U_m になるので，

$$\boxed{U_\mathrm{m} = W = \frac{LI^2}{2}} \qquad (4.50)$$

となる（演習問題 [4.7] を参照）．また，(4.50) はコイルの内部の空間に，単位体積当たり

$$\boxed{u_\mathrm{m} = \frac{B^2}{2\mu_0}} \qquad (4.51)$$

の磁場のエネルギー密度があることを意味している（[例題 4.9] を参照）．

──[例題 4.9] **ソレノイド内部の磁場のエネルギー密度**──

LR 回路（図 4.11）のコイルをソレノイドとして，(4.51) を導きなさい．

[解] ソレノイド内部の磁場は (2.48) の $B = \mu_0 nI$ で，インダクタンスは (4.33) の $L = \mu_0 n^2 lA$ である．これらを使って，(4.50) の磁場のエネルギー U_m を書き換えると

$$U_\mathrm{m} = \frac{1}{2}LI^2 = \frac{1}{2}(\mu_0 n^2 lA)\left(\frac{B}{\mu_0 n}\right)^2 = \frac{B^2}{2\mu_0}Al \qquad (4.52)$$

となる．この U_m をソレノイド内部の空間の体積 Al で割れば，(4.51) を得る．

(4.51) の磁場のエネルギー密度は，ソレノイドという特別な場合について導いた結果であるが，この結果にはソレノイドの情報は含まれていない．このため，この (4.51) はソレノイドとは無関係に，真空中に磁場 B があれば，そこに B の 2 乗に比例する $B^2/2\mu_0$ のエネルギー密度が存在することを意味している．

第4章のまとめ

1. 電磁誘導による誘導起電力 V は

$$V = -\frac{d\Phi_S}{dt} \qquad [\text{☞ (4.1)}]$$

$$\Phi_S(t) = \int_S \boldsymbol{B}(\boldsymbol{r}, t) \cdot \hat{\boldsymbol{n}} \, da \qquad [\text{☞ (4.2)}]$$

である．誘導電流は面 S の境界 C に沿って流れる．(4.1) を「磁束の法則」とよぶこともある．

2. 誘導電流の流れる向きはレンツの法則で決まる．この法則は，エネルギーの保存則の別表現でもある．　　　[☞ 4.1.2 項（参考）]

3. 時間変化する磁場 $\boldsymbol{B}$ が，ある面 S を貫いているとき

$$\oint_C \boldsymbol{E}(\boldsymbol{r}, t) \cdot d\boldsymbol{l} = -\int_S \frac{\partial \boldsymbol{B}(\boldsymbol{r}, t)}{\partial t} \cdot \hat{\boldsymbol{n}} \, da \qquad [\text{☞ (4.12)}]$$

で決まる誘導電場 $\boldsymbol{E}$ が面 S の境界 C に存在する．(4.12) を「ファラデーの法則」とよぶこともある．

4. 時間変化しない磁場の中を速度 $\boldsymbol{v}$ で運動する回路 C には

$$V = \oint_C \{\boldsymbol{v} \times \boldsymbol{B}(\boldsymbol{r})\} \cdot d\boldsymbol{l} \qquad [\text{☞ (4.16)}]$$

の誘導起電力が現れる．

5. 自己誘導は，コイルを流れる電流 I の時間変化により，起電力

$$V = -\frac{d\Phi_{\text{total}}}{dt} = -N\frac{d\Phi}{dt} = -L\frac{dI}{dt}$$

$$[\text{☞ (4.32)}]$$

がコイル自身に生じる現象である．L を自己インダクタンスという．

6. 直流 I が流れる LR 回路は

$$V_0 + V = V_0 - L\frac{dI}{dt} = RI \quad [\text{☞} \quad (4.34)]$$

のように，電源の起電力 V_0 とコイルの逆起電力 $V = -L\,dI/dt$ の和が電圧降下 RI に等しくなる．

7. 相互誘導は，コイル1の電流 I_1 による磁場がコイル2（N_2 巻きのコイル）の磁束 $N_2\Phi_{1\to 2}$ をつくるとき，

$$V_2 = -\frac{d(N_2\Phi_{1\to 2})}{dt} = -M_{1\to 2}\frac{dI_1}{dt} \quad [\text{☞} \quad (4.42)]$$

で決まる誘導起電力 V_2 が，コイル2に生じる現象である．$M_{1\to 2}$ を相互インダクタンスという．

8. 磁場のエネルギー密度 u_m は

$$u_\mathrm{m} = \frac{B^2}{2\mu_0} \quad [\text{☞} \quad (4.51)]$$

で，磁場 B の2乗に比例する．

■■■■■ 演習問題 ■■■■■

以下の問題で必要ならば，$\mu_0 = 4\pi \times 10^{-7}\,\mathrm{Wb/(A\cdot m)}$ を使うこと．

[4.1] 磁石の間の一様な磁場 B に垂直に置いてある N 巻きのコイル（面積 A，抵抗 R）を磁場の外に取り出したら，$Q = 9.0 \times 10^{-6}\,\mathrm{C}$ の電気量が流れた．$A = 0.03\,\mathrm{m}^2$，$N = 100$，$R = 50\,\Omega$ として，磁場 B を求めなさい． [☞ 4.1.1項]

[4.2] 平らなテーブルに，抵抗 R で N 巻きの円形コイル（面積 A）が置いてあり，テーブルの下から上に垂直に $B(t) = 0.01t + 0.04t^2$ のように変化する磁場 B がかかっている．$t = 2\,\mathrm{s}$ でのコイルの誘導起電力 V と誘導電流 I の大きさを求めなさい．また，テーブルを上から見たとき，誘導電流 I の向きを答えなさい．ただし，$A = 0.02\,\mathrm{m}^2$，$R = 2\,\Omega$，$N = 100$ とする． [☞ 4.3.1項]

第4章 電磁誘導

[4.3] 図 4.16 のように，導体棒が磁場 B 内を速度 v で運動している．B は $\otimes$（紙面の表から裏）の向きである．このとき，導体棒内の電子（電荷 $q = -e$）には，$F = qv \times B$ の磁気力が下向きにはたらいて，電子の移動が起こる．電子の移動が止まる（つまり，平衡状態になる）のは，電場と磁場との間に

$$E = vB \tag{4.53}$$

が成り立つときであることを示しなさい． [☞ 例題 4.5]

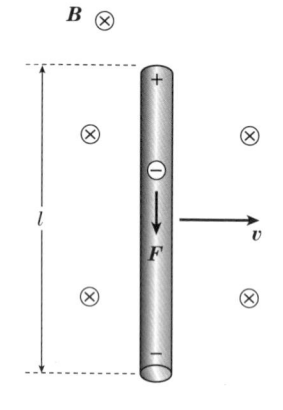

図 4.16 一様な磁場の中を動く導体棒

[4.4] 2.0×10^{-4} H のインダクタンスをもつコイルを流れる電流が 50 A/s の割合で減少するとき，コイル内の誘導起電力 V を計算しなさい．[☞ 4.4.1 項]

[4.5] 2個のコイルを，図 4.13 のように近づけて設置している．コイル1の電流 I_1 が 0.01 秒の間に 5 A 変化するとき，コイル2に 20 V の誘導起電力 V_2 が生じた．このコイルの相互インダクタンス M の値を求めなさい． [☞ 例題 4.8]

[4.6] 変圧器の1次コイル（N_1 巻きのコイルで $N_1 = 200$）を 100 V の電源 V_1 につないで，1800 V の出力電圧 V_2 をつくりたい．そのために必要な2次コイルの巻数 N_2 の値を求めなさい． [☞ 4.4.2 項]

[4.7] コイルに $I = 100$ A の電流を流して，0.5 kW の電力 P を1時間使えるだけのエネルギー（電力量）をこのコイルに蓄えたい．そのために必要なコイルの自己インダクタンス L の値を求めなさい． [☞ 4.5 節]

第 5 章
マクスウェル方程式と電磁波

　本章に至るまでに，電場と磁場に関する基礎的な法則を学んできた．4つのマクスウェル方程式とは，これらの法則をまとめたもので，力学におけるニュートンの運動方程式に相当する電磁気学の基礎方程式である．本章では，これらの方程式から，電場と磁場の振動が自由空間（真空）を波のように伝播する，電磁波というものが自然に導かれることを述べる．そして，光が電磁波の仲間であることを解説する．

学習目標
1. マクスウェル方程式と総称される4つの方程式が，それぞれどのような物理的内容を表すかを説明できるようになる．
2. 電磁波がマクスウェル方程式から予測されることを説明できるようになる．
3. 光は電磁波であることを理解する．
4. 電磁場のエネルギーは電磁波として真空中を伝わることを理解する．

5.1 変動する電磁場

　マクスウェル方程式は，時間 t と空間 $r = (x, y, z)$ に依存した電場 $E(r, t)$ と磁場 $B(r, t)$（まとめて**電磁場**という）を記述する4つの方程式の総称である．実は，1864年にマクスウェルが電磁気学の基礎理論をつくったときに提示した方程式は20もあった．これらをたった4つの方程式にまとめ上げたのは，イギリスの科学者ヘビサイドとドイツの科学者ヘルツであった（1884年）．

5.1.1 マクスウェル方程式

時間変化する電場 $E(r,t)$ と磁場 $B(r,t)$ に対するマクスウェル方程式は，次の 4 つの式である．

電場のガウスの法則

$$\oint_S E(r,t)\cdot\hat{n}\,da = \frac{Q(t)}{\varepsilon_0} \qquad [\text{☞ (1.28) の拡張}] \quad (5.1)$$

(5.1) は (1.28) の $E(r)$ を $E(r,t)$，Q を $Q(t)$ と拡張解釈したものである．

磁場のガウスの法則

$$\oint_S B(r,t)\cdot\hat{n}\,da = 0 \qquad [\text{☞ (2.73) の拡張}] \quad (5.2)$$

(5.2) は (2.73) の $B(r)$ を $B(r,t)$ と拡張解釈したものである．

ファラデーの法則

$$\oint_C E(r,t)\cdot dl = -\int_S \frac{\partial B(r,t)}{\partial t}\cdot\hat{n}\,da \qquad [\text{☞ (4.12)}] \quad (5.3)$$

アンペール‐マクスウェルの法則

$$\oint_C B(r,t)\cdot dl = \mu_0 I_C(t) + \mu_0\varepsilon_0 \frac{d}{dt}\int_S E(r,t)\cdot\hat{n}\,da \qquad [\text{☞ (2.66)}]$$
$$(5.4)$$

ここで (5.1) と (5.2) の拡張は自明のように見えるだろうが，実はそうではない．例えば，(1.28) はクーロンの法則であるが，(5.1) はクーロンの法則とは全く別の事実を含んでいる．5.2 節で述べるように，$Q(t)=0$ とおいた (5.1) は電波（電場の波）が横波であることを意味している．

マクスウェル方程式 (5.1)〜(5.4) を眺めると，(5.1) と (5.2) の類似性や (5.3) と (5.4) の類似性に気づく．まず，すぐにわかることは，物質のない自由空間（真空）では電荷も電流もない（$Q=0$ と $I_C=0$）から，マクスウェル方程式は電場と磁場の入れ替えに対して対称になることである．

ただし，ε_0 と μ_0 の係数の違いや符号は無視する．

これに対して，物質のある空間でも，もし自然界に単独の磁荷（磁気モノポールともいう）が存在すれば，(5.1) の電荷に対応する磁荷 q_m が (5.2) の右辺に現れるから，(5.1) と (5.2) は対称になる．そして，磁荷の流れも存在しうるから，(5.4) の電流に対応する磁流が (5.3) の右辺に現れ，(5.3) と (5.4) が対称になる．つまり，磁荷が存在すれば，マクスウェル方程式は対称性をもつことになる．もちろん，対称である必然性はないが，対称であれば理論は美しい．この可能性はヘビサイドやディラックによって理論的に追求されたが，磁荷や磁流の存在は未だ実証されていない．

なお，(5.3) と (5.4) を科学史的な流れの中で述べれば，エルステッドの実験（1820年）に示唆されて，ファラデーが電磁誘導を実験によって発見（1831年）し，それからおよそ30年後（1864年）にマクスウェルがアンペールの法則（1820年）を拡張するために，変位電流を理論的に導入したのである．

電磁場が一定の場合 ― 静電場と静磁場 ―

電磁場が時間的に一定で変化しない場合は，(5.1)〜(5.4) の E と B は $E(r)$ と $B(r)$ になるので，(5.3) と (5.4) の時間微分の項はすべて消える．その結果，(5.3) のファラデーの法則は

$$\oint_\mathrm{C} E(r)\cdot dl = 0 \qquad [☞ \ (1.55)] \qquad (5.5)$$

となり，静電場が保存力（渦なしの場）であることを表す式になる．この (5.5) と (1.28) の電場のガウスの法則によって記述されるものが，第1章で扱った現象である．

また，(5.4) のアンペール-マクスウェルの法則はアンペールの法則

$$\oint_\mathrm{C} B(r)\cdot dl = \mu_0 I_\mathrm{C} \qquad [☞ \ (2.42)] \qquad (5.6)$$

になる．この (5.6) と (2.73) の磁場のガウスの法則によって記述されるも

のが，第2章と第3章で扱った現象である．

5.1.2 電磁波と変位電流

マクスウェル方程式の4つの式のうち，電場と磁場を結び付ける式は(5.3)と (5.4) である．これらの式には，次のような対称的な関係がある．

(1) 磁場の時間変化 (5.3) → 電場の発生（ファラデーの法則）
(2) 電場の時間変化 (5.4) → 磁場の発生（アンペール-マクスウェルの法則）

そのため，磁場の変化が電場をつくり，つくられた電場の変化が磁場をつくるという繰り返しのプロセスが存在する．

例えば，空間のある1点で火花放電を起こして鉛直上向きの電流 I を瞬間的に発生させると，図5.1 (a) に示すような磁場 B ができる（アンペールの法則）．電流は瞬間的に発生して消滅するので，その周りの磁場も時間変化する．この磁場の変化による電磁誘導で電場 E が発生する（(1)による図5.1 (b) の状態）．この電場も時間変化しているから，変位電流が生じて磁場 B が発生する（(2)による図5.1 (c) の状態）．この後は，(1)と(2)を繰り返しながら，電場と磁場の時間的な変化が空間を伝播していくことになる．これが**電磁波**である．なお，火花放電の代わりに，アンテナに高周波の電流（交流）を流すことによっても電場の時間変化が起こるから，電磁波を発生さ

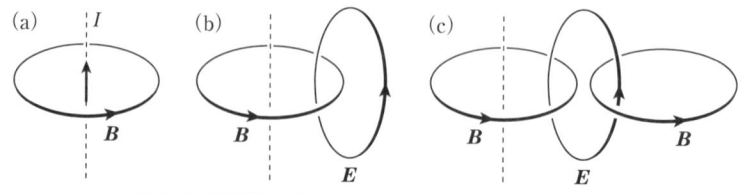

図5.1 電磁波の発生
 (a) 火花放電で磁場 B ができる．
 (b) 時間変化する磁場 B から電場 E ができる．
 (c) 時間変化する電場 E から磁場 B ができる．

せることができる（6.4 節の LC 回路を参照）．

図 5.1 のような電磁波の発生は，(1) と (2) の繰り返しで起こるから，明らかに，(2) での変位電流が本質的な役割を果たしている．換言すれば，電磁波が実際に検出されれば，マクスウェルが理論的に導入した変位電流の正しさが証明されることになる．

ここで直観的に説明した電磁波が，マクスウェル方程式の解として存在しうることを次に解説しよう．

5.2 電磁場の波動方程式

一般に，波は点状の源から発生すると，その波面は空間を球面状に広がっていく．そして，点源からずっと離れた位置では，その波面は段々と平らになり，平面波とよばれるものになる．**平面波**とは波面が平面である波のことで，波の進行方向に垂直な平面（波面）上で位相と変位の大きさと変位の向き（偏り）が一定の波のことである．

平面波による電磁場の記述

平面波は最も簡単な進行波を表すから，自由空間を伝わる電磁波をこの平面波で考えることにする．これからやるべきことは，このような平面波がマクスウェル方程式の解として存在するかどうかを調べることである．結論を先に述べれば，図 5.2 に示すような平面の電磁波（これを**平面電磁波**という）がマクスウェル方程式の解になる．

図 5.2 の平面電磁波は x 軸方向に進行するから，波面は x と t の値だけで決まる．そのため $E(x,y,z,t)$ と $B(x,$

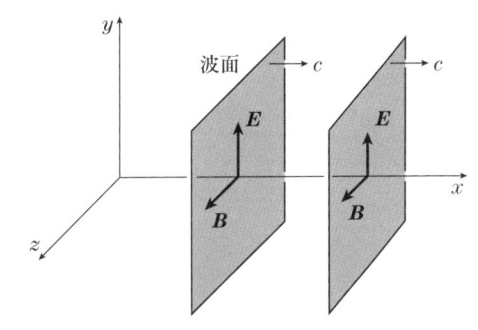

図 5.2 平面波として伝わる電磁波

y, z, t) は $E(x, t)$ と $B(x, t)$ のように x と t だけの関数になる．波面は x 軸に垂直（yz 平面に平行）で，波面上の変位（つまり，E と B のこと）は互いに直交している．そして，E は y 方向，B は z 方向を向いている．つまり，電場と磁場の成分は

$$E = (E_x, E_y, E_z) = (0, E(x, t), 0), \qquad B = (B_x, B_y, B_z) = (0, 0, B(x, t)) \tag{5.7}$$

である．E と B の成分を (5.7) のようにおける理由は，図 5.1 の交差している E と B の向きから推測できるだろう．例えば，図 5.1(b) の交差部分を真横から見ると，E は下向き（$-y$ 方向）で B は $\otimes$ 向き（$-z$ 方向）であり，図 5.1(c) の E は上向き（y 方向）で B は $\odot$ 向き（z 方向）である．

(5.7) を成分にもつ平面波の微小領域に対して，ファラデーの法則 (5.3) とアンペール-マクスウェルの法則 (5.4) を使えば

$$\frac{\partial E}{\partial x} = -\frac{\partial B}{\partial t} \qquad [\text{☞}\ (5.3)] \tag{5.8}$$

$$\frac{\partial B}{\partial x} = -\mu_0 \varepsilon_0 \frac{\partial E}{\partial t} \qquad [\text{☞}\ (5.4)] \tag{5.9}$$

という微分方程式が導かれる（証明は付録 F を参照）．

(5.8) の両辺を x で微分して，その右辺に (5.9) を代入すれば

$$\text{右辺} = \frac{\partial}{\partial x}\left(-\frac{\partial B}{\partial t}\right) = -\frac{\partial}{\partial t}\left(\frac{\partial B}{\partial x}\right) = -\frac{\partial}{\partial t}\left(-\mu_0 \varepsilon_0 \frac{\partial E}{\partial t}\right) = \mu_0 \varepsilon_0 \frac{\partial^2 E}{\partial t^2} \tag{5.10}$$

となる．ここで，<u>x と t の微分の順序を変えても $B(x, t)$ の微分値が変わらないことを使った</u>．左辺は $\partial^2 E/\partial x^2$ であるから，(5.8) は E に対する微分方程式

$$\boxed{\frac{\partial^2 E}{\partial x^2} = \mu_0 \varepsilon_0 \frac{\partial^2 E}{\partial t^2}} \tag{5.11}$$

になる．

一方，磁場の方も，(5.9) の両辺を x で微分してから (5.8) を使えば，

(5.9) は B に対する微分方程式

$$\boxed{\frac{\partial^2 B}{\partial x^2} = \mu_0 \varepsilon_0 \frac{\partial^2 B}{\partial t^2}} \tag{5.12}$$

になる.

波動方程式

(5.11) と (5.12) の微分方程式は，力学や振動・波動の分野で学ぶ波の伝播を表す**波動方程式**

$$\boxed{\frac{\partial^2 u}{\partial x^2} = \frac{1}{v^2} \frac{\partial^2 u}{\partial t^2}} \tag{5.13}$$

と同じ形をしている（導出は省略する）．ここで，変位を表す $u(x,t)$ は，一般に，位置 x と時刻 t における何らかの物理量を表す．例えば，音波ならば空気の密度や圧力であり，ギターの弦ならば弦の振幅である．v は波の速度である（演習問題 [5.1] を参照）.

波動方程式 (5.13) の解は，一般に

$$u(x,t) = f(x-vt) + g(x+vt) \tag{5.14}$$

と書ける．ここで f と g は任意の関数で，f は速度 v で x 方向に進む進行波，g は $-x$ 方向に進む進行波を表す．その理由は，例えば $f(x)$ を $x=a$ だけ平行移動させたいときには，$f(x-a)$ と書けばよいからである．そして，$a=vt$ として $t=0,1,2,3,\cdots$ と時間を進めれば，図 5.3 に示すように，$f(x)$ は形

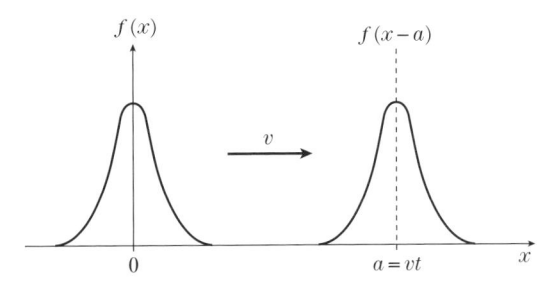

図 5.3 関数 $f(x)$ の平行移動

を変えずに $a = 0, v, 2v, 3v, \cdots$ の位置に，一定の速さ v で右方向に移動する．g の方も同様な理由で左方向の波になる．

［例題 5.1］波動方程式の一般解

$u(x,t) = f(x - vt)$ を直接微分して，波動方程式 (5.13) の解になることを示しなさい．

［解］f の変数を $s = x - vt$ とおいて，$f(s)$ を考える．$u(x,t) = f(s)$ を t で微分するときは，s が x, t の関数であることに注意して

$$\frac{\partial u(x,t)}{\partial t} = \frac{\partial s}{\partial t}\frac{df(s)}{ds} = -vf'(s) \tag{5.15}$$

のように計算する．つまり，s の t 微分は偏微分になる．さらに t で微分すれば

$$\frac{\partial^2 u(x,t)}{\partial t^2} = (-v)^2 f''(s) = v^2 f''(s) \tag{5.16}$$

となる．同様に，x に関する微分は

$$\frac{\partial u(x,t)}{\partial x} = f'(s), \qquad \frac{\partial^2 u(x,t)}{\partial x^2} = f''(s) \tag{5.17}$$

となる．(5.16) を (5.13) の右辺に代入したものと (5.17) を (5.13) の左辺に代入したものは一致するので，関数 $f(x - vt)$ が (5.13) の波動方程式を満たすことがわかる．

電磁波は横波

(5.7) の電場と磁場の x 成分 E_x と B_x は波の進行方向の成分なので，これらがともにゼロであることは，電磁波が**横波**（波の進行方向に垂直に振動する波）であることを意味している．これは，電場と磁場のガウスの法則 (5.1) と (5.2) から次のように要請される条件である．

いま，自由空間（真空）を考えているから，電荷は存在しないため，(5.1) の右辺はゼロである．これは，電気力線が自由空間では連続であることを意味する（磁場のガウスの法則 (2.73) の解説を参照）．もし，電気力線が波面に対して傾いている（つまり，$E_x \neq 0$ である）と，どこかで必ず波面を貫通して波面の先に現れる．しかし，電場は波面上だけしか存在しないから，

電気力線は波面の先で消えなければならない．これは，電気力線が連続であることと矛盾する．したがって，$E_x = 0$ が要求される．

同様に，磁力線も磁場のガウスの法則 (5.2) より連続であるから，波面で切れてはいけない．したがって，$B_x = 0$ が要求される．このため，4つのマクスウェル方程式で記述される電磁波は横波になるのである．この事実から，(5.1) と (5.2) が (1.28) と (2.73) の単なる拡張ではないことがわかるだろう．なお，図 5.2 のように，特定の方向に振動している波のことを**直線偏波**という．

5.3 電磁波と光

電磁波の速さ v は，(5.11) や (5.12) を (5.13) と比べると

$$v = \frac{1}{\sqrt{\varepsilon_0 \mu_0}} \tag{5.18}$$

であることがわかる．この (5.18) に，数値 $\varepsilon_0 = 8.854 \times 10^{-12}\,\mathrm{C^2 \cdot s^2/(kg \cdot m^3)}$ と $\mu_0 = 4\pi \times 10^{-7}\,\mathrm{m \cdot kg/C^2}$ を入れると，実は**光速** c と同じ値になる．すなわち，

$$\boxed{c = \frac{1}{\sqrt{\varepsilon_0 \mu_0}} = 2.998 \times 10^8\,\mathrm{m/s}} \tag{5.19}$$

である．この結果から，光は電磁波であることが発見された．

科学史的な流れでは，当時フランスの物理学者フーコーが回転鏡と歯車を使って光速 c を測定し，$c = (29800 \pm 500)\,\mathrm{km/s}$ であることが知られていた (1862年)．マクスウェルは理論的に導いた電磁波の速さ $1/\sqrt{\varepsilon_0 \mu_0}$ の値が光速の実測値と一致することに気づき，光は電磁波であるに違いないと考えた．そして，1864 年の論文で「光は電磁場の法則に従って場の中を伝わっていく電磁的変動である」と発表した．一方，実験的には，1888 年にドイツの科学者ヘルツが実験で電磁波の存在を確認し，さらに，電磁波が反射，屈折，

偏りなどのような光と全く同じ性質をもつことを実証した．マクスウェルの理論は，このように電磁気学と光学を統一することに成功したのである．

5.3.1 平面電磁波

平面波は三角関数を使って表すことができる．いま，平面電磁波が光速 c で x の正方向に進行している場合，電場 E と磁場 B は (5.14) の $f(x-ct)$ の形で表せるから，コサイン関数を使えば

$$E(x,t) = E_0 \cos[k(x-ct)] = E_0 \cos(kx - \omega t) \quad (5.20)$$
$$B(x,t) = B_0 \cos[k(x-ct)] = B_0 \cos(kx - \omega t) \quad (5.21)$$

と書ける（演習問題 [5.2] を参照）．E_0 と B_0 はそれぞれ電場と磁場の振幅である．ここで，<u>$\cos\theta$ の θ は無次元量であるから，長さの次元をもつ $x-ct$ に係数 k（これが**波数**という量になることを，すぐ後で示す）を掛けて無次元化していることに注意してほしい．</u>

(5.20) から，角振動数 ω は $\omega = ck$ である．また，波長 λ は $E(x+\lambda, t) = E(x,t)$ を満たす最小の長さだから，$k\lambda = 2\pi$ より $\lambda = 2\pi/k$ である．これを $k = 2\pi/\lambda$ と書くと，k は 2π の中に含まれる波の数を表すから，波数とよばれる．

周期 T は $E(x, t+T) = E(x,t)$ を満たす最小の時間だから，$\omega T = 2\pi$ より $T = 2\pi/\omega$ である．振動数 f は $f = 1/T$ だから，$\omega = 2\pi f$ である．したがって，$c = \omega/k = 2\pi f/(2\pi/\lambda)$ より $\lambda f = c$ を得る．よく使う関係式は

$$\boxed{\omega = ck, \quad k\lambda = 2\pi, \quad \lambda f = c} \quad (5.22)$$

などである（演習問題 [5.3] を参照）．

図 5.4 は，ある時刻における x 軸の正方向に進行する平面電磁波 (5.20) と (5.21) を示したものである．図 5.4(a) は直線偏波（光の場合は直線偏光という）した電場で，図 5.4(b) は磁場である．実際に空間を伝播する電磁波は，図 5.4(c) のように (a) と (b) が互いに絡み合ったものになるが，横波

5.3 電磁波と光

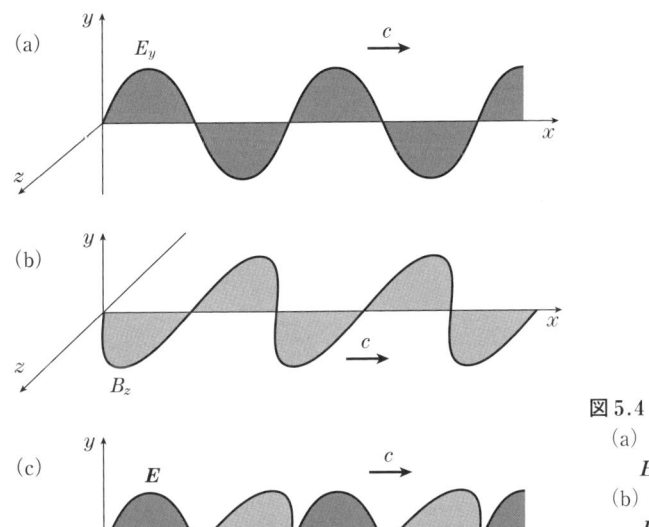

図 5.4 平面電磁波
(a) 直線偏波した電場 $\boldsymbol{E}$ の波
(b) 直線偏波した磁場 $\boldsymbol{B}$ の波
(c) 実際に伝わる平面電磁波

なので波の進行方向と変位（電場と磁場）は直交している．

この電場と磁場は (5.8) に従って伝播するから，(5.20) と (5.21) の偏微分

$$\frac{\partial E(x,t)}{\partial x} = -kE_0 \sin(kx - \omega t), \quad \frac{\partial B(x,t)}{\partial t} = \omega B_0 \sin(kx - \omega t) \tag{5.23}$$

から $kE_0 = \omega B_0$ が成り立つ．したがって，図 5.4(c) のように伝播している電磁波には

$$\boxed{E = cB} \tag{5.24}$$

という関係式が，任意の場所 x と時刻 t で成り立つ．つまり，<u>電場と磁場はいつも共存している</u>．

電磁波の分類

光は電磁波の一種である．電磁波は，その波長領域によって図 5.5 のような名称が付いている（ただし，図 5.5 の波長領域は一応の目安で，境界の決め方も本によって異なる場合があることを注意しておく）．

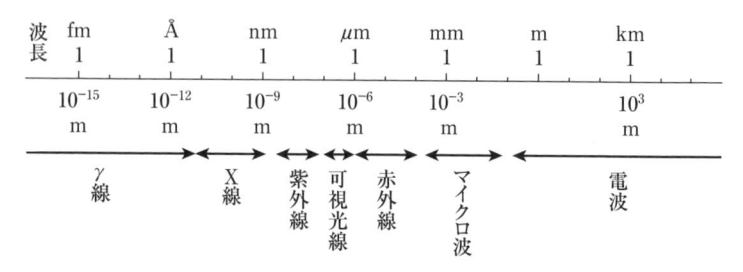

波長	fm 1	Å 1	nm 1	μm 1	mm 1	m 1	km 1
	10^{-15} m	10^{-12} m	10^{-9} m	10^{-6} m	10^{-3} m		10^3 m

γ線 / X線 / 紫外線 / 可視光線 / 赤外線 / マイクロ波 / 電波

$1\,\mu$m（マイクロメートル，ミクロン）$= 10^{-6}$ m，1 nm（ナノメートル）$= 10^{-9}$ m
1 Å（オングストローム）$= 10^{-10}$ m，1 fm（フェムトメートル）$= 10^{-15}$ m

図 5.5 電磁波の分類

電波 通信用に使われる波長数 10 cm 以上の電磁波で，そのうち AM 放送は波長 190～560 m 程度，FM 放送は波長 2～3 m 程度である．

マイクロ波（短波長の電波） 波長 0.1 mm～30 cm 程度で，家庭用の電子レンジの波長は 10 cm 程度である．

赤外線（熱線ともいう） 波長 7×10^{-7} m（可視光に隣接する辺りの波長）～0.1 mm 程度の電磁波で，物理療法や赤外線写真などに使われている．

可視光 人間の目が感知できる電磁波で，波長は 4×10^{-7} m（紫）～7×10^{-7} m（赤）である．目の感度は 5.6×10^{-7} m（黄緑）で最大になる．

紫外線 波長 6×10^{-9} m～3.8×10^{-7} m 程度の電磁波で，太陽は紫外線の重要な源で，日焼けの原因になる．

X線 波長 1×10^{-11} m～1×10^{-9} m 程度の電磁波で，医療

装置や結晶構造の研究に使われている.

γ線 波長 1×10^{-11} m 未満の電磁波で，コバルト60やセシウム137などの放射性原子核から放射される．非常に高い透過性があり，人体に損傷を与える危険性があるので，鉛のような重い金属で保護しなければならない.

[例題 5.2] 平面電磁波

振動数 40 MHz の平面電磁波が，図 5.4(c) のように x 方向に伝播している．電場 E は振幅 $E_0 = 750$ N/C をもち，y 方向を向いている．光速 $c = 3 \times 10^8$ m/s とする.

（1） この波の波長 λ と周期 T を求めなさい.

（2） 磁場 B の振幅 B_0 と向きを計算しなさい.

[**解**]（1） $f = 40$ MHz $= 4 \times 10^7$ s^{-1} であるから，(5.22) より波長は $\lambda = c/f = 3 \times 10^8/(4 \times 10^7) = 7.5$ m となる．また，周期 T は $T = 1/f = 2.5 \times 10^{-8}$ s となる.

（2）(5.24) の関係式より $B_0 = E_0/c = 750/(3 \times 10^8) = 2.50 \times 10^{-6}$ T となる．磁場 B は図 5.4(b) のように z 方向に偏波している（演習問題 [5.4] を参照）.

5.3.2 電磁波のエネルギー

自由空間（真空）の電場と磁場には，第1章と第4章で学んだように，(1.80) の電場のエネルギー密度 $u_e = \varepsilon_0 E^2/2$ と (4.51) の磁場のエネルギー密度 $u_m = B^2/2\mu_0$ が存在する．そのため，自由空間には

$$u = u_e + u_m = \frac{\varepsilon_0 E^2}{2} + \frac{B^2}{2\mu_0} \tag{5.25}$$

の**電磁場のエネルギー密度 u** があることになる.

この電磁場のエネルギー密度 (5.25) は，電磁波にも存在する．自由空間を伝わる電磁波の場合，(5.24) の $E = cB = B/\sqrt{\varepsilon_0 \mu_0}$ から $u_m = u_e$ が成り立つので，(5.25) は $u = 2u_e = 2u_m$ となり

$$u = \varepsilon_0 E^2 = \frac{B^2}{\mu_0} \qquad (5.26)$$

である．

いま，電磁波の進行方向に垂直な面（面積 A）を，光速 c (m/s) の電磁波が t 秒間通過すれば，その通過領域（体積 Act）に含まれるエネルギーは体積 Act とエネルギー密度 u の積 $Actu$ で与えられる．したがって，単位時間（$t=1$ 秒）に単位面積（$A=1\,\mathrm{m}^2$）を通過する電磁波のエネルギーの流れ（流量）は，これを S で表すと

$$S = cu = c\varepsilon_0 E^2 = \frac{EB}{\mu_0} \qquad (5.27)$$

となる．

そこで，この S を大きさにもつベクトル $\boldsymbol{S}$ を

$$\boldsymbol{S} = \frac{\boldsymbol{E} \times \boldsymbol{B}}{\mu_0} \qquad (5.28)$$

と定義すれば，$\boldsymbol{S}$ は波の進行方向に運ばれるエネルギー流量を表す．このベクトルを定義したイギリスの物理学者ポインティングにちなみ，$\boldsymbol{S}$ を**ポインティング・ベクトル**とよぶ．

また，S の1周期当たりの平均値 $\langle S \rangle$ を**電磁波の強度**という．(5.20) と (5.21) の平面電磁波の場合，$\langle S \rangle$ は

$$\langle S \rangle = \frac{\langle EB \rangle}{\mu_0} = \frac{E_0 B_0}{2\mu_0} = \frac{E_0^2}{2\mu_0 c} \qquad (5.29)$$

である（平均値の計算は (6.3) を参照）．定数 $\mu_0 c$ は**真空のインピーダンス**という量で，$\mu_0 c = \sqrt{\mu_0/\varepsilon_0} = 120\pi = 377\,\Omega$ である（演習問題 [5.5] を参照）．

ポインティング・ベクトル S の単位 W/m^2　S の定義式 (5.27) の cu から $(\mathrm{m/s}) \times (\mathrm{J/m^3}) = (\mathrm{J/s})/\mathrm{m}^2 = \mathrm{W/m}^2$ である．つまり，ポインティング・ベクトルは単位面積当たりの電力を表す．

[例題 5.3] 導線表面のポインティング・ベクトル

図 5.6 のように，半径 a，長さ l，抵抗 R の導線に定常電流 I を流す．

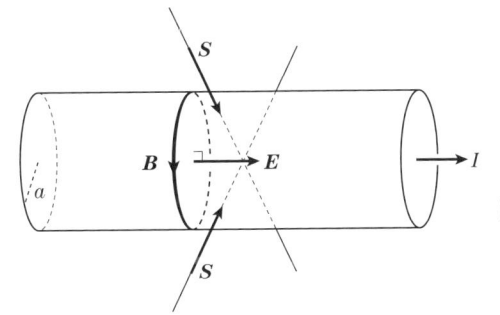

図 5.6 定常電流 I とポインティング・ベクトル S の関係

(1) 導線表面のポインティング・ベクトル S の向きを答えなさい．
(2) 仕事率 SA とジュール熱 RI^2 の間に

$$SA = RI^2 \tag{5.30}$$

が成り立つことを示しなさい（表面積 $A = 2\pi a l$）．

[解]（1）E と B は，図 5.6 に示すように，互いに垂直である．したがって，導線表面のポインティング・ベクトル S の向きは，ベクトル積の定義から半径方向の内向きとなる．

（2）E と B は互いに垂直だから，$|E \times B| = EB$ である．長さ l で抵抗 R の導線（半径 a）の電位差を V とすると，$V = RI$ であるから，導線方向の電場 E は $E = V/l = RI/l$ である．導線の表面の磁場は（2.44）から $B = \mu_0 I/2\pi a$ である．したがって，導線表面のポインティング・ベクトル S の大きさ S は $S = EB/\mu_0 = (1/\mu_0)(RI/l)(\mu_0 I/2\pi a) = RI^2/2\pi a l = RI^2/A$ であるから，（5.30）となる（演習問題 [5.6]，[5.7] を参照）．

5.4 マクスウェル方程式の微分形

本書では，ここまで積分形で書いたマクスウェル方程式を扱ってきた．微分形のマクスウェル方程式とはどのようなものかを知っておくことも大切な

ので，積分形のマクスウェル方程式 (5.1)〜(5.4) に対応した微分形をここに紹介しよう．

電場のガウスの法則

$$\nabla \cdot \boldsymbol{E} = \frac{\rho}{\varepsilon_0} \tag{5.31}$$

磁場のガウスの法則

$$\nabla \cdot \boldsymbol{B} = 0 \tag{5.32}$$

ファラデーの法則

$$\nabla \times \boldsymbol{E} = -\frac{\partial \boldsymbol{B}}{\partial t} \tag{5.33}$$

アンペール‐マクスウェルの法則

$$\nabla \times \boldsymbol{B} = \mu_0 \boldsymbol{J} + \mu_0 \varepsilon_0 \frac{\partial \boldsymbol{E}}{\partial t} \tag{5.34}$$

ここで，ρ は**電荷密度**，$\boldsymbol{J}$ は**電流密度**である．

積分形から微分形への書き換えは，**ストークスの定理とガウスの発散定理**を使って行なう．また，真空，つまり，電荷も電流も存在しない自由空間 ($\rho = 0$, $\boldsymbol{J} = 0$) での電磁場の波動方程式 (5.11) と (5.12) は，(5.33) と (5.34) に対してベクトル演算を行なえば導ける（付録 G を参照）．

［例題 5.4］波動方程式の導出

平面電磁波 (5.7) に対して，(5.33) のファラデーの法則の z 成分が (5.8) に一致することを示しなさい．同様に，$\boldsymbol{J} = 0$ とおいた (5.34) のアンペール‐マクスウェルの法則の y 成分が (5.9) に一致することを示しなさい．

［解］ (5.33) の左辺の z 成分は，ベクトル積の定義から

$$\text{左辺} = (\nabla \times \boldsymbol{E})_z = \frac{\partial E_y}{\partial x} - \frac{\partial E_x}{\partial y} = \frac{\partial E_y}{\partial x} = \frac{\partial E}{\partial x} \tag{5.35}$$

5.4 マクスウェル方程式の微分形

となる．一方，右辺の z 成分は $-\partial B/\partial t$ であるから，(5.8) に一致する．同様に，(5.34) のアンペール‐マクスウェルの法則の y 成分を計算すれば

$$\text{左辺} = (\nabla \times \boldsymbol{B})_y = \frac{\partial B_x}{\partial z} - \frac{\partial B_z}{\partial x} = -\frac{\partial B_z}{\partial x} = -\frac{\partial B}{\partial x} \quad (5.36)$$

で，右辺は $\partial E/\partial t$ であるから，(5.9) に一致する．

微分形と積分形

第 1 章から第 4 章まで，電磁気学の物理法則を積分形で具体的に書き表してきた．積分形を使ったのは，物理的な意味を理解しやすいためである．それに対して，マクスウェル方程式の微分形は，積分形に数学的な操作（ベクトルの積分公式とベクトル演算）を施して導くから，やや複雑で直観的に理解するのは難しい．

微分の必要性

<u>微分はローカル（局所的）な変化を表すものだから，例えば，波のように場の変動が次々と空間を伝わる現象を記述するのに不可欠な数学である</u>．電磁波は電磁場が空間を伝わるものであるから，ファラデーが導入した電場や磁場を表現するのに最適な数学が微分である．

このため，電磁場の理論的な考察や波動現象をさらに深く研究するときには，微分形のマクスウェル方程式が出発点になる．この場合，磁場 B を $B = \nabla \times A$ で定義されるベクトル A （これを**ベクトルポテンシャル**という）に変えて，マクスウェル方程式は電磁ポテンシャルという量で表現される．このベクトル場 A を一般に**ゲージ場**という．

ゲージ場で表現されたマクスウェル方程式は，その中に深遠な内容を含み，素粒子理論の基礎であるゲージ場理論の原型を与える．そのため，現代のゲージ的世界観はマクスウェル方程式から始まったといってもよいだろう．

積分の有用性

<u>積分は物理量のグローバル（大局的）な関係を表すから，電磁気学の具体的な問題を解くときには，積分形の方が微分形よりも見通しが良い</u>．例えば，

[例題 4.3] の（2）で示された結果（磁場が存在しないソレノイドの外部に誘導電場が発生すること）は積分形からはすぐに導かれるが，微分形ではわかりにくい．

このことからわかるように，身の周りの電磁気現象や具体的な問題を解きたいときは，積分形が有効である．もちろん，現象によっては微分形を適用した方が見通しの良い場合もある．要するに，扱う対象に応じて，微分形と積分形を使い分けることが大切である．

第5章のまとめ

1. 電場 E と磁場 B は横波で，波動方程式

$$\frac{\partial^2 E}{\partial x^2} = \mu_0 \varepsilon_0 \frac{\partial^2 E}{\partial t^2} \qquad [☞ \;(5.11)]$$

$$\frac{\partial^2 B}{\partial x^2} = \mu_0 \varepsilon_0 \frac{\partial^2 B}{\partial t^2} \qquad [☞ \;(5.12)]$$

に従って自由空間（真空）を伝わる．

2. 電磁波は自由空間を光速 c

$$c = \frac{1}{\sqrt{\varepsilon_0 \mu_0}} = 3.00 \times 10^8 \,\text{m/s} \qquad [☞ \;(5.19)]$$

で進む．

3. 電磁波の振動数 f，波長 λ，速度 c の間には

$$\lambda f = c \qquad [☞ \;(5.22)]$$

の関係がある．

4. 電磁波の電場 E と磁場 B の間には

$$E = cB \qquad [☞ \;(5.24)]$$

の関係がある．

5． 電磁波のエネルギー流量を表す量がポインティング・ベクトル

$$S = \frac{E \times B}{\mu_0} \quad [\text{☞ (5.28)}]$$

で，単位時間に単位面積を通過するエネルギーの流量である．

演習問題

以下の問題で必要ならば，光速として $c = 3.0 \times 10^8$ m/s を使うこと．

[**5.1**] 波動方程式 (5.13) の v が，速度の次元をもつことを示しなさい．

[☞ 5.2節]

[**5.2**] (5.20) の $E(x,t)$ を (5.11) の波動方程式に代入して，$\varepsilon_0 \mu_0 c^2 = 1$ であることを示しなさい． [☞ 5.3.1項]

[**5.3**] 真空中を電磁波の電場が $E(x,t) = (90 \text{ N/C}) \sin(10^6 x - \omega t)$ の平面波で伝わるとき，これに付随する磁場の振幅 B_0，波長 λ，周波数 f を求めなさい．

[☞ 5.3.1項]

[**5.4**] FMラジオ放送局から周波数 84.4 MHz の電波が出ている．この電波の波長を求めなさい． [☞ 例題5.2]

[**5.5**] テレビ局のアンテナから電磁波の電場が $E(t) = (10^{-2} \text{ N/C}) \sin \omega t$ のように受信できる地点がある．この地点での電場に垂直な単位面積 (1 m²) 当たりのエネルギー流量の平均値 $\langle S \rangle$ と磁場の強さの最大値 B_0 を求めなさい．ただし，$\mu_0 c = 377 \, \Omega$ とする． [☞ 5.3.2項]

[**5.6**] 半径 $a = 0.5$ mm，長さ $l = 1$ m，抵抗 $R = 8 \, \Omega$ のヒーターの導線に $I = 2$ A の電流が流れている．この導線に対するポインティング・ベクトルの大きさ S と向きを答えなさい． [☞ 例題5.3]

[**5.7**] 地表における太陽光のエネルギー流量（ポインティング・ベクトルの大きさ S）を 1000 W/m² とする．屋根（5 m × 10 m）に1時間に入射する太陽エネルギー E を J（ジュール）の単位で求めなさい． [☞ 例題5.3]

第 6 章

交流回路

抵抗，コンデンサー，コイルなどを導線でつないだ電気回路に，交流電源を含めたものを交流回路という．交流は直流と異なる性質をもつため，通信や放送などの機器をはじめとして，身の周りの電気機器に広く使われている．本章では，交流回路の基本的な特性について述べる．

> **学習目標**
> 1. 交流起電力と実効値を理解する．
> 2. RLC 直列回路と回路素子の役割を理解する．
> 3. インピーダンスとリアクタンスを理解する．
> 4. 共振回路を理解する．
> 5. 電気回路と力学の振動系とのアナロジーを説明できるようになる．

6.1 交流

交流の起電力 V は，第 4 章の［例題 4.4］（交流の生成）で示した (4.21) から，一般に次のように

$$V(t) = V_0 \sin(\omega t + \alpha) \tag{6.1}$$

で与えられる．V_0 は起電力の振幅で，起電力の最大値（ピーク値ともいう）を表す．また，ω は**角振動数**（**角周波数**）で単位は rad/s である．(6.1) を**交流起電力**あるいは**交流電圧**という．

三角関数の角度部分 $\omega t + \alpha$ を**位相**という．特に，$t = 0$ での位相 α のことを**初期位相**という．位相は時間とともに変化するが，サイン関数（正弦関数）

6.1 交流

は 2π の周期関数だから，$\omega T = 2\pi$ を満たす時間 T ごとに，サイン関数は元の値に戻る（$V(t+T) = V(t)$）．この時間 T を**周期**（サイクルともいう）という．そして，T の逆数 f が**振動数**（**周波数**）を与える．つまり，

$$T = \frac{2\pi}{\omega} \quad (\text{周期}), \qquad f = \frac{1}{T} = \frac{\omega}{2\pi} \quad (\text{振動数}) \tag{6.2}$$

である．振動数は 1 秒当たりの振動の数を表し，単位は 1/s でヘルツ（Hz）という．家庭用電源の振動数は，東日本では 50 Hz，西日本では 60 Hz である．

なお，(6.1) で $\alpha = 0$ とおいた $V(t)$ のグラフが，図 4.8(b) に当たる．

6.1.1 交流の実効値

(6.1) の交流起電力 $V(t)$ は時間とともに周期的に変化するから，交流起電力の平均的な大きさを表す量が必要になる．そのために，$V(t)$ を使って時間的な平均量を考えてみよう．簡単のために，初期位相は $\alpha = 0$ とおく．

まず，$V(t)$ を 1 周期で平均した量（これを $\langle V \rangle$ で表す）を考えると，これは

$$\langle V \rangle = \frac{1}{T} \int_0^T V(t)\, dt = \frac{1}{T} \int_0^T V_0 \sin \omega t\, dt = 0 \tag{6.3}$$

であるから，意味がない．次に，V の 2 乗を 1 周期で平均した値（これを $\langle V^2 \rangle$ と表す）を考えると

$$\langle V^2 \rangle = \frac{1}{T} \int_0^T V_0^2 \sin^2 \omega t\, dt = \frac{V_0^2}{T} \int_0^T \frac{1 - \cos 2\omega t}{2}\, dt = \frac{V_0^2}{2} \tag{6.4}$$

のように，ゼロでない値になる．そこで，<u>$\langle V^2 \rangle$ の平方根 $\sqrt{\langle V^2 \rangle}$ で交流起電力の**実効値** V_e を定義すると</u>，$V_e = \sqrt{\langle V^2 \rangle}$ より

$$\boxed{V_e = \frac{V_0}{\sqrt{2}} \fallingdotseq 0.7 V_0} \tag{6.5}$$

である．なお，実効値のような平均値を **2 乗平均**ともいう．

同様に，交流電流 $I(t)$ の実効値 I_e も $I_e = \sqrt{\langle I^2 \rangle}$ で定義でき，

$$I_\mathrm{e} = \frac{I_0}{\sqrt{2}} \fallingdotseq 0.7 I_0 \tag{6.6}$$

である.ここで I_0 は電流の振幅で,電流の最大値(ピーク値ともいう)を表す.

図 6.1 は V^2 を描いたものである.普通,家庭の電源電圧が 100 V であるといっているのは,$V_\mathrm{e} = 100$ V のこと(最大値 V_0 は $V_0 = \sqrt{2}\,V_\mathrm{e} = 141$ V)であり,何アンペア使うなどというときも I_e のことである(演習問題 [6.1] を参照).

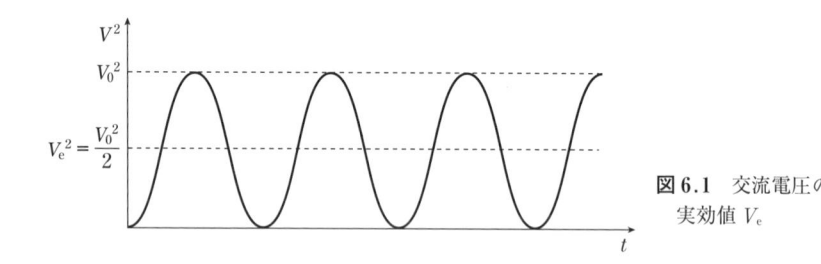

図 6.1 交流電圧の実効値 V_e

― [例題 6.1] 実効値と最大値 ―

　ある家庭用エアコンの規格を見ると,100 V,50/60 Hz で暖房運転時の電流 7.0 A,冷房運転時の電流 5.0 A と表示してある.エアコンに流れる電流の最大値を求めなさい.

[**解**] 表示されている電流は実効値であるから,その最大値 I_0 は (6.6) から $I_0 = \sqrt{2}\,I_\mathrm{e}$ である.したがって,暖房時 $I_\mathrm{e} = 7$ A のときは $I_0 = \sqrt{2} \times 7 = 1.41 \times 7 = 9.9$ A,冷房時 $I_\mathrm{e} = 5$ A のときは $I_0 = \sqrt{2} \times 5 = 7.1$ A となる.

6.1.2　位相ベクトルと位相図

(6.1) に基づいて,図 6.2 に示すような角速度 ω で反時計回りに回転するベクトル $V(t)$ を考える.ベクトルの大きさは振幅 V_0 で,その向きは x 軸から測った位相で表す.そして,ベクトルの y 成分で (6.1) の $V(t)$ を表す.このベクトル $V(t)$ を起電力の**位相ベクトル**とよび,このような図を**位相図**

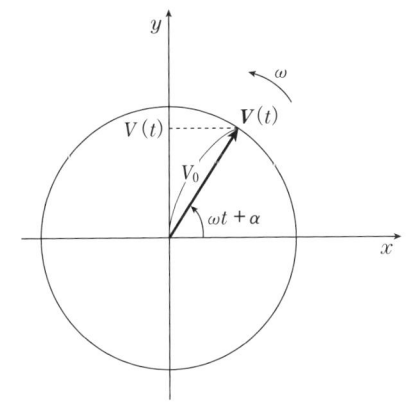

図6.2 起電力の位相ベクトルの定義

という．$V(t)$ は一見すると，$V(t)$ の大きさ $|V(t)|$ のように思えるが，位相ベクトルの定義は $|V(t)| = V_0$ であることを忘れないようにしてほしい．

位相図を用いると，次の RLC 直列回路で述べるように，交流起電力と交流電流の位相関係が直観的にわかり，交流回路を特徴づける物理量が簡単に計算できる．

6.2 *RLC* 直列回路

図6.3のように，起電力 V の交流電源に抵抗 R，コイル L，コンデンサー C を直列に接続した交流回路を **RLC 直列回路**という．そして，R や L や C のような回路の構成要素を**回路素子**という．

直流回路（直流電源をもつ回路）に回路素子のコンデンサーを入れると，そこで導線が切れることになるので，過渡電流がなくなると直流電流は流れない．しかし，交流回路の場合は，交流電流はコンデンサーに流れ込むとすぐまた逆に流れ出すというように絶えず向きを変えるから，コンデンサーをつないでも導線に電流が流れる．この交流電流 I の性質を調べてみよう．

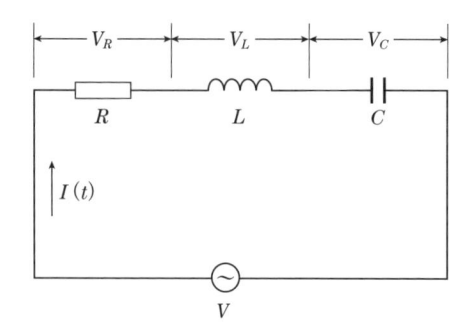

図6.3 RLC 直列回路

交流回路でのキルヒホッフの法則

直流回路に対するキルヒホッフの第1法則 (2.16) は，電荷の保存を表すから，交流回路でもそのまま成り立つ．キルヒホッフの第2法則 (2.17) の方は，コンデンサーとコイルが加わるので

$$\sum_k V_k - \sum_k L_k \frac{dI_k}{dt} = \sum_k R_k I_k + \sum_k \frac{Q_k}{C_k} \qquad (6.7)$$

となる．つまり，右辺は回路素子の電圧降下の部分で，抵抗による RI とコンデンサーによる Q/C の総和になる（Q は極板上の電荷）．そして，左辺は起電力の部分で，電源の V とコイルの自己インダクタンス L による逆起電力 $-L\,dI/dt$ の総和になる．

図6.3の RLC 直列回路に対するキルヒホッフの第2法則は，各素子が1個なので，(6.7) で $k=1$ の場合に当たる．これを

$$L \frac{dI}{dt} + RI + \frac{Q}{C} = V \qquad (6.8)$$

のように書き換えてみよう．ただし，L_1，V_1 などの添字は省略して L，V とする．この (6.8) を眺めれば，左辺の3つの項の和が右辺の起電力とつり合っている，と解釈することができる．そこで，起電力に対応する3つの項を

$$V_L = L\frac{dI}{dt}, \qquad V_R = RI, \qquad V_C = \frac{Q}{C} \qquad (6.9)$$

のように書いて，各素子の両端での電位差を表すことにする．なお，この電流 I と電荷 Q の間には $I = dQ/dt$ の関係がある．

6.2.1 インピーダンス

回路を流れる電流 I を RLC 直列回路の式（6.8）から，2 通りの方法で求めてみよう．

解析的な解法

（6.8）の両辺を時間で微分し，$dQ/dt = I$ で Q の項を書き換えると

$$L\frac{d^2 I}{dt^2} + R\frac{dI}{dt} + \frac{1}{C} I = \frac{dV}{dt} \tag{6.10}$$

という I に対する微分方程式になる．電流 I は，この方程式の解である．

RLC 直列回路の交流起電力 V を

$$V(t) = V_0 \sin \omega t \tag{6.11}$$

とする．回路に電流が流れ始めてから，ある程度の時間が経てば，電流は起電力（6.11）と同じ角振動数 ω で振動するはずである．したがって，V に対して電流の位相は δ だけ異なると考えて，電流 I の形を

$$I(t) = I_0 \sin(\omega t - \delta) \tag{6.12}$$

のようにおき，（6.12）が（6.10）を満たすように，I_0 と δ を既知量（V_0, R, L, C, ω）を使って決めればよい．

具体的に（6.12）を（6.10）に代入して計算すると，振幅 I_0 は

$$\boxed{I_0 = \frac{V_0}{\sqrt{R^2 + \left(\omega L - \dfrac{1}{\omega C}\right)^2}} \equiv \frac{V_0}{Z}} \tag{6.13}$$

で与えられる（演習問題 [6.2] を参照）．（6.13）の分母で定義される Z は**インピーダンス**という量で，交流回路の抵抗に当たる量である．また，Z の中

には R 以外に 2 種類の抵抗に相当する量（ωL と $1/\omega C$）が現れる．そして，それらはそれぞれ

$$X_L = \omega L \quad (\text{誘導リアクタンス}), \qquad X_C = \frac{1}{\omega C} \quad (\text{容量リアクタンス}) \tag{6.14}$$

と名付けられている．これらを使って，**リアクタンス** X

$$X = X_L - X_C \tag{6.15}$$

を定義すると，インピーダンス Z は次のようになる．

$$Z = \sqrt{R^2 + X^2} \tag{6.16}$$

一方，δ は

$$\tan \delta = \frac{X}{R}, \qquad \cos \delta = \frac{R}{Z}, \qquad \sin \delta = \frac{X}{Z} \tag{6.17}$$

で，この δ を**位相差**あるいは**位相角**という（次頁の図 6.5(b) を参照）．

位相図による解法

RLC 直列回路の式 (6.8) を (6.9) の起電力で表せば

$$V_L + V_R + V_C = V \tag{6.18}$$

となる．この左辺の各起電力を，(6.12) の電流を使って（ただし，$\theta = \omega t - \delta$ とおく）

$$V_R = RI = RI_0 \sin \theta \tag{6.19}$$

$$V_L = L \frac{dI}{dt} = X_L I_0 \cos \theta = X_L I_0 \sin\left(\theta + \frac{\pi}{2}\right) \tag{6.20}$$

$$V_C = \frac{Q}{C} = \frac{1}{C} \int I \, dt = -X_C I_0 \cos \theta = X_C I_0 \sin\left(\theta - \frac{\pi}{2}\right) \tag{6.21}$$

のように表すと，<u>V_L と V_C の位相は V_R に対して $\pi/2$ ずれていることがわかる</u>．
そこで，(6.11) の V と (6.12) の I に対して，図 6.4 (a) のような位相ベ

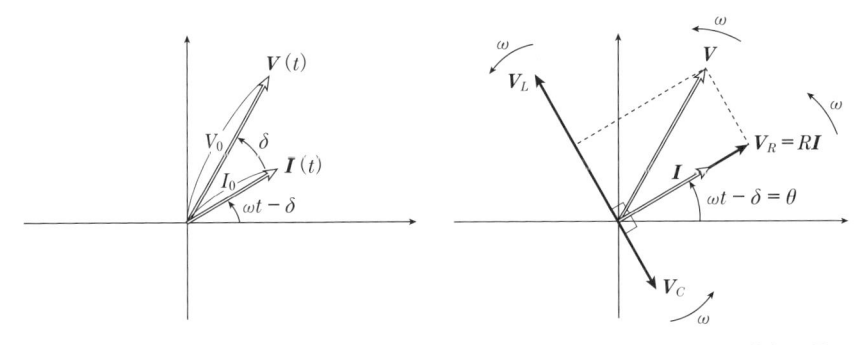

6.2 RLC 直列回路

(a) 起電力の位相ベクトル $V(t)$ と電流の位相ベクトル $I(t)$

(b) ベクトル I, V, V_L, V_R, V_C の位相関係

図 6.4　位相ベクトルの相互関係

クトル $V(t)$ と $I(t)$ を定義すると，(6.19)〜(6.21) の位相関係から位相ベクトル V_R, V_L, V_C は図 6.4 (b) のように表される．これらのベクトルは，(6.18) の関係を満たすように閉じなければならないので，電源のベクトル V は起電力ベクトル（V_R, V_L, V_C）の和として表されることになる．

その結果，図 6.5 (a) のようなベクトルの三角形ができる．ここで，位相ベクトルの大きさは $|V| = V_0 = ZI_0$, $|V_R| = RI_0$, $|V_L| = X_L I_0$, $|V_C| = X_C I_0$ である．また，$|V_L + V_C| = \sqrt{(V_L + V_C)^2} = \sqrt{|V_L|^2 + 2V_L \cdot V_C + |V_C|^2}$ において，$V_L \cdot V_C = |V_L||V_C|\cos\pi = -|V_L||V_C|$ に注意すれば $|V_L + V_C| = \sqrt{(|V_L| - |V_C|)^2} = |V_L| - |V_C| = X_L I_0 - X_C I_0 = XI_0$ である．したがって，この三角形の各辺を共通の因子 I_0 で割れば，図 6.5 (b) のようなインピーダン

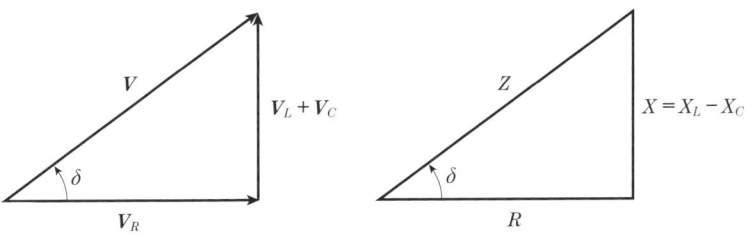

(a) 起電力ベクトルによる直角三角形

(b) インピーダンス Z を表す直角三角形

図 6.5　位相図によるインピーダンス

スを表す直角三角形ができる．したがって，ピタゴラスの定理から $Z^2 = R^2 + X^2$ が求まり，また，三角関数の定義から $\tan\delta = X/R$ であることがわかる．

このように位相図を使うと，解析的な解法よりも (6.16) のインピーダンス Z と (6.17) の位相差 δ を直観的に導くことができる．

[例題 6.2] RLC 直列回路のインピーダンス

図 6.3 の RLC 直列回路で，$R = 250\,\Omega$，$L = 0.6\,\mathrm{H}$，$C = 3.5\,\mu\mathrm{F}$，$\omega = 377\,\mathrm{Hz}$，$V_0 = 150\,\mathrm{V}$ とする．

（1）インピーダンス Z を求めなさい．

（2）最大電流 I_0 と位相差 δ を求めなさい．

[解]（1）誘導リアクタンスは $X_L = \omega L = 377 \times 0.6 = 226\,\Omega$ である．容量リアクタンスは $X_C = 1/\omega C = 1/(377 \times 3.5 \times 10^{-6}) = 758\,\Omega$ である．リアクタンスは $X = X_L - X_C = -532\,\Omega$ である．したがって，インピーダンスは $Z = \sqrt{R^2 + X^2} = \sqrt{250^2 + (-532)^2} = 588\,\Omega$ となる．

（2）最大電流は $I_0 = V_0/Z = 150/588 = 0.255\,\mathrm{A}$ となる．位相差は $\delta = \tan^{-1}(X/R) = \tan^{-1}(-2.128) = -64.8°$ となる．$\delta < 0$ だから，起電力より電流の方が $64.8°$ 進んでいることがわかる（演習問題 [6.3] を参照）．

6.2.2 回路素子のリアクタンス

図 6.4 (b) に描かれた位相ベクトル I と V_R，V_C，V_L の相対的な関係から，次のような位相関係がわかる．

抵抗 R

電流の位相は起電力 V_R の位相と同じである（このことを**同位相**であるという）．

容量リアクタンス $X_C = 1/\omega C$

電流の位相は起電力 V_C より $\pi/2$ 進んでいる．このため，コンデンサーが回路にあると，電流の最大値が起電力の最大値よりも 1/4 周期早く現れることになる．

誘導リアクタンス $X_L = \omega L$

電流の位相は起電力 V_L より $\pi/2$ 遅れている．このため，コイルが回路にあると，電流の最大値が起電力の最大値よりも 1/4 周期遅れて現れることになる．

リアクタンスの役割

リアクタンスは抵抗であるから，回路に流れる電流は，リアクタンスが大きいほど小さくなる．

容量リアクタンス $X_C = 1/\omega C$ は ω に反比例するので，ω の小さな電流ほど抑えられる．ω をゼロにすれば X_C は無限大になるから，回路を流れる電流はゼロになる．コンデンサーは直流 ($\omega = 0$) を通さないから，これは当然の結果である．

一方，誘導リアクタンス $X_L = \omega L$ は ω に比例するので，ω の大きな電流ほど抑えられる．逆に，ω をゼロにすれば，X_L はゼロになって回路をショート（短絡）させたことになり，電流はスムーズに流れる．定常電流 ($\omega = 0$) に対して，コイルは単なる導線であるから，これも当然の結果である．

（参考）スピーカーの高音と低音

音楽を聴くスピーカーは，電気のエネルギーを音のエネルギーに変換する装置である．人が聞く音の振動数は約 20 Hz 〜 20 kHz と広く，この範囲の様々な周波数の交流電流がスピーカーのコードを流れる．しかし，1 つのスピーカーだけで，このような広い周波数をカバーできない．そのため，音響装置にはリアクタンスを利用して，複数のスピーカーが使われる．

例えば，高音用スピーカー（ツィーター）には，高い周波数の交流を流すためにコンデンサーが使われる．また，低音用スピーカー（ウーハー）には低い周波数の交流を流すためにコイルが使われる．この例のように，交流を周波数によって分けるのに，リアクタンスの性質が利用されている．

交流回路の消費電力とリアクタンス

第 2 章で，直流電源の電力 P は電池の起電力 V と電流 I の積 VI であるこ

とを述べたが（(2.12) を参照），交流電源の場合も，電源による瞬間的な電力 P は (6.11) と (6.12) から

$$P = V(t)\,I(t) = V_0 I_0 \sin\omega t \sin(\omega t - \delta) \tag{6.22}$$

で与えられる．これを1周期にわたって平均すれば，**平均電力** P_{av} が

$$\boxed{P_{\mathrm{av}} = \langle P \rangle = \frac{1}{T}\int_0^T V(t)\,I(t)\,dt = \frac{V_0 I_0}{2}\cos\delta = V_e I_e \cos\delta} \tag{6.23}$$

のように求まる．ここで，最右辺は (6.5) の実効値で書き換えている．

この $\cos\delta$ は**力率**(りきりつ)とよばれる量で，図 6.5(b) から

$$\cos\delta = \frac{R}{Z} = \frac{R}{\sqrt{R^2 + X^2}} \tag{6.24}$$

である．ここで，$0 \leq R/Z \leq 1$ であるから，δ は 0 から $\pi/2$ の間にある．$\delta = 0$ ($\cos\delta = 1$) のとき，$P_{\mathrm{av}} = V_e I_e$ の最大値になる．これはリアクタンス $X = 0$ の場合だから，$X_L = X_C$ のときである．

一方，$\delta = \pi/2$ ($\cos\delta = 0$) のとき，$P_{\mathrm{av}} = 0$ となり電力損失が生じない．これは $R = 0$ のときで，回路に L か C のどちらかがある場合に当たる（演習問題 [6.4] を参照）．

なお，(6.23) は (6.24) と $Z = V_e/I_e$ を使って

$$P_{\mathrm{av}} = R I_e^2 \tag{6.25}$$

となるから，平均電力とは抵抗で消費されるジュール熱のことである．したがって，平均電力 P_{av} を**消費電力**ともいう．ちなみに，<u>(6.25) は，直流の場合の (2.13) と全く同じ形である．このように，一般に，交流の場合に実効値を使うと，ほとんどの式が直流回路と同じ形になり，便利である</u>．

─ **[例題 6.3]** *RLC* **直列回路の平均電力** ─────────

　［例題 6.2］で扱った *RLC* 直列回路に供給される平均電力 P_{av} を求めなさい．

[**解**] $V_0 = 150$ V, $Z = 588\,\Omega$ より $I_0 = V_0/Z = 0.255$ A である．実効電流 $I_\mathrm{e} = I_0/\sqrt{2} = 0.181$ A と $R = 250\,\Omega$ を (6.25) に代入すると，$P_\mathrm{av} = RI_\mathrm{e}^2 = 8.19$W となる．もちろん，$\delta = -64.8°$ と V_e, I_e を (6.23) に代入しても同じ結果になる．

6.3 共振回路

RLC 直列回路を流れる電流の実効値（実効電流）I_e は

$$I_\mathrm{e} = \frac{V_\mathrm{e}}{Z} = \frac{V_\mathrm{e}}{\sqrt{R^2 + X^2}} \tag{6.26}$$

であるから，リアクタンス $X = X_L - X_C$ を介して I_e は電源の角振動数 ω とともに変化する．$X = 0$（つまり $X_L = X_C$）のとき，インピーダンス Z は $Z = R$ で最小になるから，実効電流 I_e は最大になる．このとき，RLC 直列回路は**共振**しているという．そして，共振を起こす回路のことを**共振回路**という．

共振を起こす角振動数を ω_0 とすれば，$X_L = X_C$ より

$$\boxed{\omega_0 = \frac{1}{\sqrt{LC}}} \tag{6.27}$$

である．これを**共振角振動数**という．このとき，起電力と電流の位相差は (6.17) から $\delta = 0$（同位相）となり，電流の振幅 I_0 が最大になる．

半値幅と Q 値

共振回路では，特に周波数特性（角振動数特性）が重要である．そこで，平均電力 P_av の周波数特性を調べてみよう．

まず，(6.27) を利用して，リアクタンス X を

$$X = L\left(\omega - \frac{1}{\omega LC}\right) = L\left(\omega - \frac{\omega_0^2}{\omega}\right) = \omega_0 L\left(\frac{\omega}{\omega_0} - \frac{\omega_0}{\omega}\right) \tag{6.28}$$

と変形し，(6.26) に代入すれば

$$I_\mathrm{e} = \frac{V_\mathrm{e}}{R} \frac{1}{\sqrt{1 + Q^2 D^2(\omega)}} \tag{6.29}$$

となる．ここで，Q と $D(\omega)$ は

$$D(\omega) = \frac{\omega}{\omega_0} - \frac{\omega_0}{\omega}, \qquad Q = \frac{\omega_0 L}{R} \tag{6.30}$$

で定義された無次元量である．

(6.29) の I_e を (6.25) の P_{av} に代入すると

$$P_{av}(\omega) = \frac{V_e^2}{R} \frac{1}{1 + Q^2 D^2(\omega)} \tag{6.31}$$

となる．

平均電力 P_{av} が最大になるのは，$D(\omega) = 0$（つまり $\omega = \omega_0$）のときで，その値は $P_{av} = V_e^2/R \equiv P_m$ である．したがって，P_{av} は，図 6.6 に示すように，$\omega = \omega_0$ に最大値 (P_m) をもつ曲線で，ω_0 を中心に左右対称な図形になる．また，最大値の半分 $P_m/2$ を与える 2 つの ω の値（ω_1 と ω_2）に挟まれた曲線の幅 $\Delta\omega$ を**半値幅**という．

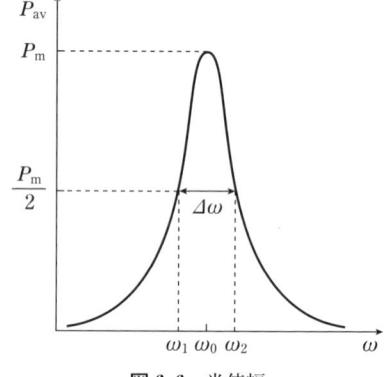

図 6.6 半値幅

半値幅の計算

$\Delta\omega$ を計算するために，ω_1 と ω_2 を求めよう．これらは $Q^2 D^2(\omega) = 1$ を満たさなければならないから，$QD(\omega) = \pm 1$ が条件式である．(6.30) の $D(\omega)$ からわかるように，$\omega < \omega_0$ のとき $D(\omega) < 0$ であるから，ω_1 は $QD(\omega) = -1$ から得られる 2 次方程式

$$Q\omega^2 + \omega_0\omega - Q\omega_0^2 = 0 \tag{6.32}$$

の解である．2 根の内，ω_1 は正の値だから

$$\omega_1 = \frac{1}{2Q}(-\omega_0 + \sqrt{\omega_0^2 + 4\omega_0^2 Q^2}) \tag{6.33}$$

である.

同様に, $\omega > \omega_0$ のとき $D(\omega) > 0$ であるから, ω_2 は $QD(\omega) = 1$ から得られる 2 次方程式 $(Q\omega^2 - \omega_0\omega - Q\omega_0^2 = 0)$ の正の根

$$\omega_2 = \frac{1}{2Q}(\omega_0 + \sqrt{\omega_0^2 + 4\omega_0^2 Q^2}) \tag{6.34}$$

である. したがって, 半値幅 $\Delta\omega$ は

$$\Delta\omega = \omega_2 - \omega_1$$
$$= \frac{\omega_0}{Q} \tag{6.35}$$

で与えられる. <u>Q が大きいほど $\Delta\omega$ は小さくなるので, Q は曲線の鋭さ(つまり, 共振の質(quality)のようなもの)を反映する量である</u>. そのため,

$$\boxed{Q = \frac{\omega_0}{\Delta\omega} = \frac{共振角振動数}{半値幅}} \tag{6.36}$$

で定義される量を **Q 値**(quality factor)とよび, 周波数特性を表す指標として使われている. なお, RLC 直列回路の半値幅は (6.30) の Q を使うと

$$\Delta\omega = \frac{R}{L} \tag{6.37}$$

で与えられる.

共振回路を使うと, いろいろな周波数の混じった電流の中から特定の周波数のものだけを取り出して, その電流を大きくできる. このように共振回路の周波数を受信信号の周波数に一致させることを**同調**という. ラジオやテレビの受信機には, 特定の周波数の放送を選択できるように, 同調回路が利用されている (演習問題 [6.5] を参照).

―[例題 6.4] *RLC* 直列回路の共振―――――――

周波数 80.7 MHz で放送している FM 局にラジオの RLC 直列回路を同調させるとする. 回路の抵抗は $R = 20\,\Omega$ で, インダクタンスは $L = 20\,\mu$H である. ラジオには可変コンデンサー (これをバリコンという)

がついている.

（1） 同調が起こるバリコンの静電容量 C の値を求めなさい.

（2） Q 値を求めなさい.

[解]（1） バリコンの C は共振角周波数の (6.27) から, $C = 1/\omega_0^2 L$ で決まる. 共振周波数は $f_0 = 80.7 \times 10^6$ Hz であるから, 共振角周波数は $\omega_0 = 2\pi f_0 = 2\pi \times (80.7 \times 10^6) = 5.07 \times 10^8$ rad/s である. したがって, $C = 1/\omega_0^2 L = 1/\{(5.07 \times 10^8)^2 \times (20 \times 10^{-6})\} = 0.194 \times 10^{-12} = 0.19$ pF となる.

（2）(6.30)より $Q = \omega_0 L/R = (5.07 \times 10^8) \times (20 \times 10^{-6})/20 = 507$ となる. かなり大きな値なので, 強い共振が起こっていることがわかる.

6.4 電気系と力学の振動系とのアナロジー

前節で説明した共振回路の共振現象は, 力学で学ぶ強制振動の共振（共鳴）現象に似ている. そのため, 電気系と力学の振動系には対応関係 (アナロジー) があるように思われる. そこで, 簡単な LC 回路を使って, 2つの系の関係を調べてみよう.

LC 回路と電気振動

コイルとコンデンサーを含む回路を **LC 回路** という. 図 6.7 (a) の回路で, まずスイッチ S_1 を閉じて, 電源でコンデンサーを充電する. 次に, S_1 を開いてから S_2 を閉じて, 充電したコンデンサーをコイルにつないで放電する. このとき, 図 6.7(b) の LC 回路には交互に向きを変える振動電流が流れる. この現象を **電気振動** という. なぜ振動が起こるのかを次に考えてみよう.

図 6.7(b) の LC 回路には電源が含まれていないので, 電流 I を流すものはコンデンサーの電荷 Q による極板間の電位差 Q/C である. これに対してコイルは, 自己誘導による逆起電力 $-L\, dI/dt$ で, 電流が変化するのを抑えようとする. したがって, LC 回路に対するキルヒホッフの第 2 法則は

6.4 電気系と力学の振動系とのアナロジ

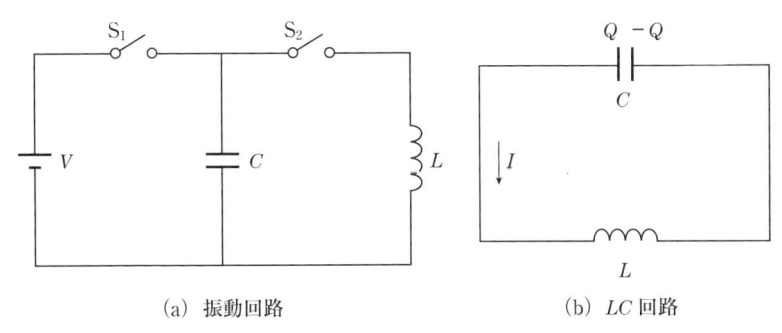

(a) 振動回路   (b) LC 回路

図 6.7 LC 回路の振動電流

$$-L\frac{dI}{dt} = \frac{Q}{C} \tag{6.38}$$

である．これに $I = dQ/dt$ を代入すると

$$L\frac{d^2Q}{dt^2} = -\frac{1}{C}Q \tag{6.39}$$

となる．

<u>(6.39) を力学の振動系に対応させると，バネ（バネ定数 k）につながれたおもり（質量 m）の単振動を表すニュートンの運動方程式</u>

$$m\frac{d^2x}{dt^2} = -kx \tag{6.40}$$

<u>と (6.39) は同じ形をしている．</u>このおもりは $\omega_0 = \sqrt{k/m}$ の**固有角振動数**で単振動する．(6.39) と (6.40) を比べると

$$Q \leftrightarrow x, \quad L \leftrightarrow m, \quad \frac{1}{C} \leftrightarrow k \tag{6.41}$$

のように対応しているから，Q/C は復元力 kx，L は質量（正確には慣性質量という）m の役割をする．したがって，LC 回路では電荷 Q の単振動が起こり，電流 I も $I = dQ/dt$ を介して単振動することがわかる．

(6.39) の解は，サインやコサインの周期関数で，その固有角振動数は

$$\omega_0 = \frac{1}{\sqrt{LC}} \tag{6.42}$$

である（演習問題 [6.6] を参照）．なお，LC 回路に高周波の振動電流を流すと，5.1.2 項で述べたような電磁波が放射される．

[例題 6.5] LC 回路の固有角振動数

$C = 40\,\mu\text{F}$ のコンデンサーと $L = 4\,\text{mH}$ のコイルから成る LC 回路がある．回路を流れる振動電流の固有角振動数 ω_0 と周期 T を求めなさい．

[**解**] (6.42) に数値を代入して $\omega_0 = 1/\sqrt{LC} = 1/\sqrt{(4\times10^{-3})\times(40\times10^{-6})} = 1/(4\times10^{-4}) = 0.25\times10^4\,\text{rad/s}$ を得る．周期は $T = 2\pi/\omega_0 = 2\pi/(0.25\times10^4) = 2.51\,\text{ms}$ となる．

電気振動のエネルギー

単振動の場合，エネルギー保存則により，バネの復元力による位置エネルギー $kx^2/2$ と運動エネルギー $mv^2/2$ の和は一定なので，この一定値を E（力学的エネルギー）とすれば

$$\frac{1}{2}kx^2 + \frac{1}{2}m\left(\frac{dx}{dt}\right)^2 = E \tag{6.43}$$

である．これに，(6.41) の対応関係を適用すると

$$\frac{1}{2}\frac{1}{C}Q^2 + \frac{1}{2}L\left(\frac{dQ}{dt}\right)^2 = \frac{Q^2}{2C} + \frac{LI^2}{2} = E \tag{6.44}$$

となる．(6.44) の左辺は，(1.79) の電場のエネルギー U_e と (4.50) の磁場のエネルギー U_m の和であり，それが一定であることを意味している．つまり，LC 回路の電気振動は，エネルギー E をコイルとコンデンサーの間で交換し合っている．E の値は，例えば $t = 0$ で $Q = Q_0$, $I = 0$ とすれば，$E = Q_0^2/2C$ である．実際の回路には必ず抵抗 R があるから，電気振動のエネルギーは減少し，振動は減衰する．この場合の回路が RLC 直列回路である．

RLC 直列回路と力学の振動系

起電力 $V(t)$ をもつ RLC 直列回路の式 (6.8) に $I = dQ/dt$ を代入すると，電荷 Q に対する微分方程式

$$L\frac{d^2Q}{dt^2} + R\frac{dQ}{dt} + \frac{1}{C}Q = V(t) \tag{6.45}$$

を得る．この式を図 6.8 のような力学の振動系と比べてみよう．この振動系は，質量 m，バネ（バネ定数 k），ダッシュポット（粘性減衰器のことで，b は摩擦係数）から成る系で，物体には周期的な外力 $F(t)$ がはたらく強制振動系である．この運動は

$$m\frac{d^2x}{dt^2} + b\frac{dx}{dt} + kx = F(t) \tag{6.46}$$

のニュートンの運動方程式で記述される．(6.45) と (6.46) を比較すれば，(6.41) の対応関係に $R \leftrightarrow b$ と $V \leftrightarrow F$ を加わえればよいことがわかる．

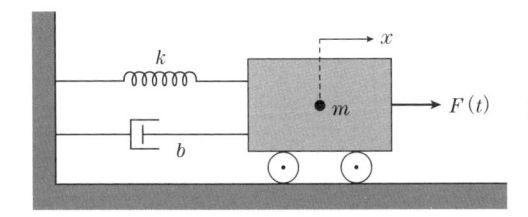

図 6.8 周期的な外力がはたらく質量 - バネ - 減衰系の力学モデル

エネルギーの対応関係

LC 回路と異なり，RLC 直列回路には抵抗があるので，ジュール熱としてエネルギーが失われていくが，これを電源が補うことになる．同様に，(6.46) の強制振動系の力学的エネルギーも摩擦熱で失われていくが，外力の仕事で補われる．そこで，(6.46) のエネルギー変化を見るために，(6.46) の両辺に dx/dt を掛けて，整理すると

$$\frac{d}{dt}\left(\frac{mv^2}{2} + \frac{kx^2}{2}\right) = -bv^2 + Fv \tag{6.47}$$

という式が導かれる（演習問題 [6.7] を参照）．ただし，$v = dx/dt$ である．(6.47) の左辺は (6.43) から dE/dt である．したがって，(6.47) は，系のエネルギー変化率が摩擦で失う熱エネルギーと外部からの仕事率でバランスしていることを示している．

同様に，RLC 直列回路の (6.45) に dQ/dt を掛ければ

$$\frac{d}{dt}\left(\frac{LI^2}{2} + \frac{Q^2}{2C}\right) = -RI^2 + VI \tag{6.48}$$

という式が導かれる．

したがって，エネルギーに関しては，次のような対応関係がわかる．

$$\text{運動エネルギー} \quad \frac{mv^2}{2} \quad \Leftrightarrow \quad \text{磁気エネルギー} \quad \frac{LI^2}{2} \tag{6.49}$$

$$\text{位置エネルギー} \quad \frac{kx^2}{2} \quad \Leftrightarrow \quad \text{電気エネルギー} \quad \frac{Q^2}{2C} \tag{6.50}$$

$$\text{摩擦熱} \quad bv^2 \quad \Leftrightarrow \quad \text{ジュール熱} \quad RI^2 \tag{6.51}$$

$$\text{外力による仕事率} \quad Fv \quad \Leftrightarrow \quad \text{起電力による仕事率} \quad VI \tag{6.52}$$

一般に，電気回路の基本的な現象 — LC 回路の電気振動，LR 回路や RC 回路の過渡現象，RLC 直列回路の共振など — はすべて，力学で学ぶ単振動と減衰振動と強制振動から理解できる．複雑な振動系をいろいろな条件の下で調べたいときに，実物のモデルをつくったり，測定装置を用意するのはコスト的にも大変である．しかし，このアナロジーを用いれば，モデルに対応する電気回路をつくるだけで簡単に調べることができる．このような電気回路のことを**等価回路**とよび，様々な分野の研究で使われる有力な解析方法である．

第6章のまとめ

1. サインやコサインの三角関数で表した交流電源の実効値 V_e と電流の実効値 I_e は

$$V_e = \frac{V_0}{\sqrt{2}} \fallingdotseq 0.7V_0, \qquad I_e = \frac{I_0}{\sqrt{2}} \fallingdotseq 0.7I_0$$

[☞ (6.5)+(6.6)]

で与えられる．V_0 と I_0 は，それぞれの振幅である．

2. 交流回路に対するキルヒホッフの第2法則は

$$\sum_k V_k - \sum_k L_k \frac{dI_k}{dt} = \sum_k R_k I_k + \sum_k \frac{Q_k}{C_k} \qquad [☞ \ (6.7)]$$

である．

3. RLC 直列回路を流れる電流の振幅 I_0 は

$$I_0 = \frac{V_0}{\sqrt{R^2 + \left(\omega L - \dfrac{1}{\omega C}\right)^2}} \equiv \frac{V_0}{Z} \qquad [☞ \ (6.13)]$$

で与えられる．Z はインピーダンスである．

4. リアクタンス X は

$$X_L = \omega L \quad (誘導リアクタンス)$$

$$X_C = \frac{1}{\omega C} \quad (容量リアクタンス)$$

[☞ (6.14)]

を使って，

$$X = X_L - X_C \qquad [☞ \ (6.15)]$$

である．

5. インピーダンス Z は交流回路の抵抗に当たる量で

$$Z = \sqrt{R^2 + (X_L - X_C)^2} = \sqrt{R^2 + X^2}$$

[☞ (6.16)]

で与えられる．単位はオーム（Ω）である．

6．位相差（位相角）δ は

$$\tan\delta = \frac{X}{R}, \quad \cos\delta = \frac{R}{Z}, \quad \sin\delta = \frac{X}{Z}$$

[☞ (6.17)]

である．

7．RLC 直列回路に交流電源から供給される平均電力は

$$P_{\mathrm{av}} = V_e I_e \cos\delta$$

[☞ (6.23)]

である．$\cos\delta$ は力率である．

8．RLC 直列回路の共振角振動数 ω_0 は

$$\omega_0 = \frac{1}{\sqrt{LC}}$$

[☞ (6.27)]

である．

■■■■■■ 演習問題 ■■■■■■

[6.1] ある電気器具に，$V_e = 100\,\mathrm{V}$，$60\,\mathrm{Hz}$ で $8.1\,\mathrm{A}$ の電流が流れると表示されている．電流の平均値と最大値を求めなさい． [☞ 6.1.1項]

[6.2] RLC 直列回路（図 6.3）の電流振幅 I_0 が，(6.13) の $I_0 = V_0/Z$ で与えられることを示しなさい． [☞ 6.2.1項]

[6.3] RLC 直列回路の電流の実効値が $I_e = 9\,\mathrm{A}$ で，起電力の実効値が $V_e = 180\,\mathrm{V}$ であるとする．電流の位相が起電力より $\pi/4$ 進んでいる場合，回路全体の抵抗 R と回路のリアクタンス X を計算しなさい． [☞ 例題 6.2]

[**6.4**] 交流電源とコンデンサーだけで構成された回路がある．交流電源の角振動数は $\omega = 377$ Hz（振動数 60 Hz に相当）で実効電圧は $V_e = 100$ V である．コンデンサーの静電容量は $C = 10\,\mu$F である．容量インダクタンス X_C と回路に流れる実効電流 I_e を求めなさい． [☞ 6.2.2 項]

[**6.5**] RLC 直列回路が共振しているとき，L と C の両端の電位差 V_L と V_C の振幅は電源電圧の振幅 V_0 の Q 倍になることを示しなさい． [☞ 6.3 節]

[**6.6**] LC 回路で $C = 2000$ pF のとき，周波数 60 kHz の電磁波に共振させるために必要なコイルの自己インダクタンス L の値を求めなさい． [☞ 6.4 節]

[**6.7**] (6.46) の両辺に dx/dt を掛けて，(6.47) を導きなさい．
[☞ 6.4 節]

付　録

A. 数学公式

A.1　ベクトル

ベクトルは「大きさと方向と向きをもつ量」で定義される．ここで，「方向と向き」が必要な理由は，例えば，南北方向だけでは「北向き」か「南向き」か区別できないからである．しかし，表現が冗長になるので，ベクトルは「大きさと方向をもつ量である」とか「大きさと向きをもつ量である」と簡単に表現される場合が多い．

ベクトルは A のように太文字を使って表し，図 A.1(a)のように，大きさ（A あるいは $|A|$ と書く）に比例する長さをもった矢印で表現する．矢の先端がベクトルの正の向きである．

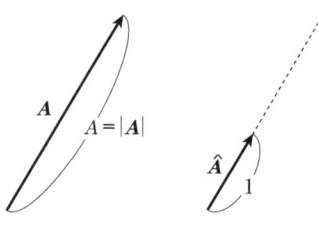

(a) ベクトル A　　(b) 単位ベクトル $\hat{A}$

図 A.1　ベクトル

単位ベクトル

単位ベクトルとは，大きさが 1（単位長さ）のベクトルのことである．ベクトルの向きを表すときは，その方向の単位ベクトルを使う．図 A.1(b)のように，A の方向を表す単位ベクトルを $\hat{A}$（エー・ハットと読む）と書くと

$$A = A\hat{A} = \hat{A}A \tag{A.1}$$

であるから，単位ベクトルは，ベクトルをそれ自身の大きさで割った

$$\hat{A} = \frac{A}{A} \tag{A.2}$$

で表せる．単位ベクトルの例には，r の方向を表す (1.5) の単位ベクトル $\hat{r}$ や面に垂直な単位法線ベクトル $\hat{n}$，経路に沿った $\hat{l}$ などがある．

3次元直交座標系の単位ベクトル

図 A.2のように，x, y, z 軸方向を表す単位ベクトルを $\hat{i}$, $\hat{j}$, $\hat{k}$ とすれば

$$\hat{i} = (1, 0, 0), \quad \hat{j} = (0, 1, 0), \quad \hat{k} = (0, 0, 1) \tag{A.3}$$

である．ベクトル $A = (A_x, A_y, A_z)$ は単位ベクトルを使って

$$A = A_x\hat{i} + A_y\hat{j} + A_z\hat{k} \tag{A.4}$$

のように表せる．

A. 数 学 公 式

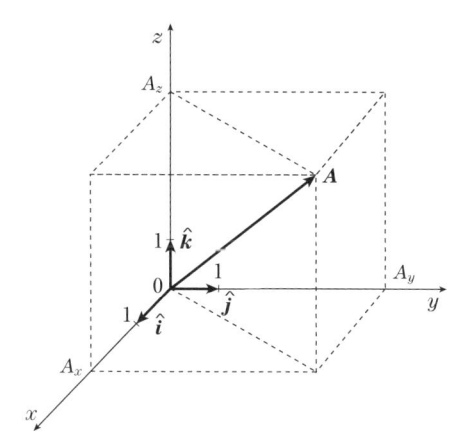

図 A.2 直交単位ベクトルとベクトル A の成分

ベクトルの和

ベクトルの和

$$C = A + B \tag{A.5}$$

は，図 A.3(a)のように平行四辺形を成す．また，図 A.3(b)のように，各ベクトルの矢先と尾をつないで閉じた図形をつくると

$$A + B + C = 0 \tag{A.6}$$

となる．したがって，図 3.4(b)のように，任意の閉じた図形のベクトル和は常にゼロになる．

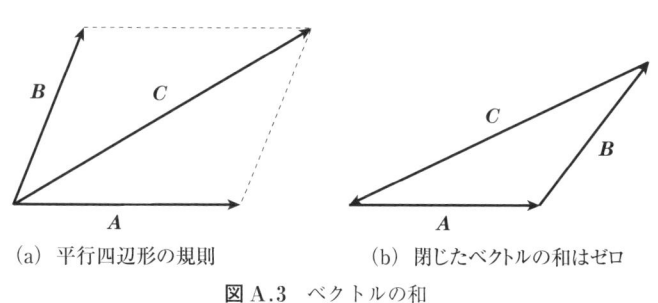

(a) 平行四辺形の規則　　(b) 閉じたベクトルの和はゼロ

図 A.3 ベクトルの和

スカラー積

2つのベクトル A, B の**スカラー積**（**内積**）$A \cdot B$（エー・ドット・ビーと読む）を

$$A \cdot B = AB\cos\theta \tag{A.7}$$

と定義する．θ は，図 A.4(a)のように，2つのベクトル A と B の成す角である．図

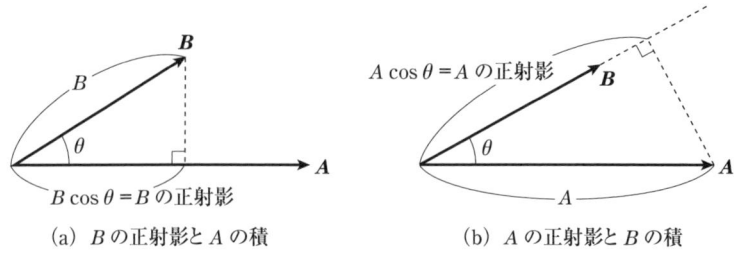

(a) B の正射影と A の積 (b) A の正射影と B の積

図 A.4 スカラー積

1.8 は $A = E, B = \hat{n}$ とおいたものである．$A \cdot B$ は大きさだけをもつ量（スカラー）であり，向きをもつベクトルではない．$A \cdot B$ はベクトル A 方向へのベクトル B の正射影 $B\cos\theta$ に，ベクトル A の長さ A を掛けたものである（図 A.4 (a)）．もちろん，ベクトル B 方向へのベクトル A の正射影 $A\cos\theta$ に，ベクトル B の長さ B を掛けても同じである（図 A.4(b)）．

$A = (A_x, A_y, A_z)$, $B = (B_x, B_y, B_z)$ とすれば，スカラー積は

$$A \cdot B = A_x B_x + A_y B_y + A_z B_z \tag{A.8}$$

のようになる．なお，ベクトル A の大きさ A は，（A.8）より

$$A = |A| = \sqrt{A \cdot A} = \sqrt{A_x^2 + A_y^2 + A_z^2} \tag{A.9}$$

で与えられる．

ベクトル積

2つのベクトル A, B の**ベクトル積**（**外積**）$A \times B$（エー・クロス・ビーと読む）を $C = A \times B$ で表すと，ベクトル C は次のように定義される．

(1) ベクトル C の大きさ C は，A と B を隣り合う2辺とする平行四辺形の面積

$$C = |C| = |A \times B| = AB\sin\theta \tag{A.10}$$

である．ここで，θ は A と B の成す角である．

(2) ベクトル C の方向は，図 A.5 に示すように，A と B で張る平面に垂直で，向きは，A から B へ（180°より小さい角を通って）右ネジを回すときにネジの進む向きである．これを**右ネジの規則**あるいは**右手の規則**という．

ベクトル積 $C = A \times B = C_x \hat{i} + C_y \hat{j} + C_z \hat{k}$ を成分で表せば

$$C_x = A_y B_z - A_z B_y, \quad C_y = A_z B_x - A_x B_z, \quad C_z = A_x B_y - A_y B_x \tag{A.11}$$

である．

A. 数学公式

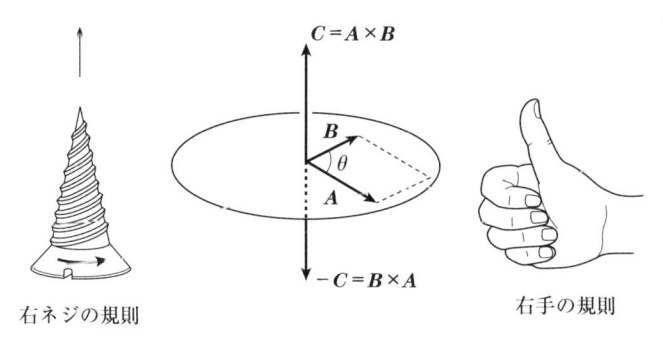

図 A.5　ベクトル積

ベクトル演算に関する公式

$$A \cdot B = B \cdot A \qquad \text{(スカラー積の可換性)} \tag{A.12}$$

$$A \times A = 0 \tag{A.13}$$

$$B \times A = -A \times B \qquad \text{(ベクトル積の非可換性)} \tag{A.14}$$

$$A \times (B + C) = A \times B + A \times C \qquad \text{(分配則)} \tag{A.15}$$

$$A \cdot (B \times C) = B \cdot (C \times A) \qquad \text{(スカラー3重積)} \tag{A.16}$$

$$A \times (B \times C) = B(A \cdot C) - C(A \cdot B) \qquad \text{(ベクトル3重積)} \tag{A.17}$$

A.2　三角関数

正弦・余弦の加法定理

$$\sin(\theta \pm \alpha) = \sin\theta\cos\alpha \pm \cos\theta\sin\alpha \tag{A.18}$$

$$\cos(\theta \pm \alpha) = \cos\theta\cos\alpha \mp \sin\theta\sin\alpha \tag{A.19}$$

半角の公式

$$\sin^2\theta = \frac{1}{2}(1 - \cos 2\theta), \qquad \cos^2\theta = \frac{1}{2}(1 + \cos 2\theta) \tag{A.20}$$

三角関数の合成

$$\left. \begin{array}{l} A\cos\theta + B\sin\theta = C\sin(\theta + \alpha) \qquad (C = \sqrt{A^2 + B^2}) \\ \sin\alpha = \dfrac{A}{C}, \qquad \cos\alpha = \dfrac{B}{C}, \qquad \tan\alpha = \dfrac{A}{B} \end{array} \right\} \tag{A.21}$$

A.3 テイラー展開とマクローリン展開
テイラー展開

$$f(x+a) = f(a) + f'(a)\,x + \frac{1}{2!}f''(a)\,x^2 + \frac{1}{3!}f'''(a)\,x^3 + \cdots \tag{A.22}$$

特に，$a=0$ とおいた式をマクローリン展開という．

マクローリン展開

$$\sin x = x - \frac{x^3}{3!} + \frac{x^5}{5!} - \cdots \tag{A.23}$$

$$\cos x = 1 - \frac{x^2}{2!} + \frac{x^4}{4!} - \cdots \tag{A.24}$$

なお，指数関数の e^x は

$$e^x = 1 + x + \frac{1}{2!}x^2 + \frac{1}{3!}x^3 + \cdots \tag{A.25}$$

というマクローリン展開で定義された関数で，$x=1$ のとき $e^1 = e = 1 + 1 + 1/2! + 1/3! + \cdots = 2.71828\cdots$（無理数）となる．この数を**ネピアの数**とよび，**自然対数の底（てい）**になる．

オイラーの公式

$$e^{i\theta} = \cos\theta + i\sin\theta \tag{A.26}$$

この公式は，理工系のあらゆる分野で活躍する万能の式であり，また，非常に美しい式である．(A.25) で $x = i\theta$ とおいた式を，(A.23) と (A.24) で $x = \theta$ とおいた式を使って書き換えれば導くことができる．

A.4 常微分
1変数関数の微分

$$\frac{d}{dx}(fg) = f'g + fg' \tag{A.27}$$

$$\frac{df(g(x))}{dx} = \frac{df(z)}{dx} = \frac{dz}{dx}\frac{df(z)}{dz} = \frac{dg(x)}{dx}\frac{df(z)}{dz} \text{（合成関数の微分の公式）} \tag{A.28}$$

$$\frac{d}{dx}e^{ax} = ae^{ax} = a\exp(ax) \tag{A.29}$$

$$\frac{d}{dx}\log_e x = \frac{d}{dx}\ln x = \frac{1}{x} \quad (\log_e x \text{ を } \ln x \text{ とも書く}) \tag{A.30}$$

A. 数学公式

三角関数の微分

$$\frac{d}{dx}\sin x = \cos x \tag{A.31}$$

$$\frac{d}{dx}\cos x = -\sin x \tag{A.32}$$

$$\frac{d}{dx}\tan x = \frac{1}{\cos^2 x} = \sec^2 x \tag{A.33}$$

$$\frac{d}{dx}\frac{1}{\tan x} = -\frac{1}{\sin^2 x} = -\operatorname{cosec}^2 x \tag{A.34}$$

なお，sec（cosec）はセカント（コセカント）と読む．

A.5 偏微分

多変数関数に対する微分であるが，ここでは3変数関数 $f(x, y, z)$ を例にとる．この $f(x, y, z)$ を x で微分するときは，y と z を定数と見なして微分を行なう．また，y や z で f を微分するときも，同様に考える．このような微分のことを**偏微分**という．f を x で偏微分したり，それをさらに y で偏微分する場合は

$$\frac{\partial f}{\partial x} = f_x, \qquad \frac{\partial^2 f}{\partial y\, \partial x} = f_{yx} \tag{A.35}$$

のように表す．

計算例1 $f(x, y, z) = x^3 + xy^2 + z$ を x で偏微分する場合，y^2 と z を定数と見なす．以下，同様の見方をすれば

$$\frac{\partial f}{\partial x} = 3x^2 + y^2, \quad \frac{\partial^2 f}{\partial y\, \partial x} = 2y, \quad \frac{\partial f}{\partial y} = 2xy, \quad \frac{\partial f}{\partial z} = 1 \tag{A.36}$$

になることがわかる．

計算例2 $f(x, y, z) = 1/r,\ r = \sqrt{(x-a)^2 + (y-b)^2 + (z-c)^2}$ を x で偏微分するときは，f が r だけの関数であることに注意して

$$\frac{\partial f}{\partial x} = f_x = \frac{\partial r}{\partial x}\frac{df(r)}{dr} \tag{A.37}$$

のように合成関数の微分に変えるのが，一般に計算しやすい．x による r の偏微分は x 以外を定数と考えて（$r = \sqrt{(x-a)^2 + 定数}$）x で微分すればよいから

$$\frac{\partial r}{\partial x} = \frac{\partial}{\partial x}\sqrt{(x-a)^2 + (y-b)^2 + (z-c)^2} = \frac{x-a}{r} \tag{A.38}$$

となる．f の微分は $df/dr = -1/r^2$ であるから，結局（A.37）は

$$\frac{\partial f}{\partial x} = -\frac{x-a}{r^3} \tag{A.39}$$

A.6 不定積分

以下の公式では，右辺に必要な積分定数は省略している．

$$\int x^p \, dx = \frac{x^{p+1}}{p+1} \quad (p \neq -1) \tag{A.40}$$

$$\int e^{ax} \, dx = \frac{1}{a} e^{ax} \tag{A.41}$$

$$\int \sin x \, dx = -\cos x \tag{A.42}$$

$$\int \cos x \, dx = \sin x \tag{A.43}$$

$$\int \tan x \, dx = -\log |\cos x| \tag{A.44}$$

A.7 指数関数と対数関数

指数関数は，ある数 a のベキ乗 $(a, a^2, a^3, \cdots, a^n)$ に現れるベキ指数 n を連続変数 x に拡張した $y = a^x$ のことである．一方，対数関数は，指数関数 $y = a^x$ の逆関数 $x = \log_a y$ のことである．最も重要なのは，a をネピアの数 $e = 2.71828\cdots$ にとった次の関数である（記号 e はオイラー（Euler）に由来する）．

$$\text{指数関数 } y = e^x \quad \leftrightarrow \quad \text{対数関数 } x = \log_e y \tag{A.45}$$

なお，$y = e^x$ を $y = \exp x$（エクスポネンシャル・エックスと読む），$\log_e y$ を $\ln y$（ロン・ワイと読む）と書く場合もある．

A.8 ベクトル演算子の恒等式

ナブラ ∇ 演算子（1.64）

$$\nabla = \frac{\partial}{\partial x} \hat{\boldsymbol{i}} + \frac{\partial}{\partial y} \hat{\boldsymbol{j}} + \frac{\partial}{\partial z} \hat{\boldsymbol{k}} \quad \text{（直角座標系の場合）} \tag{A.46}$$

を任意のスカラー場 $\phi(x, y, z)$ やベクトル場 $\boldsymbol{A}(x, y, z)$ に作用させると，次のような特別な意味をもつ量になる．

勾配（$\nabla (\ )$）

$$\nabla \phi = \frac{\partial \phi}{\partial x} \hat{\boldsymbol{i}} + \frac{\partial \phi}{\partial y} \hat{\boldsymbol{j}} + \frac{\partial \phi}{\partial z} \hat{\boldsymbol{k}} \tag{A.47}$$

ある点におけるスカラー場の空間変化率を表すもので，その点から最も急増する向きをもつベクトル量である．

回転（$\nabla \times$）

$$\nabla \times A = \left(\frac{\partial A_z}{\partial y} - \frac{\partial A_y}{\partial z}\right)\hat{\boldsymbol{i}} + \left(\frac{\partial A_x}{\partial z} - \frac{\partial A_z}{\partial x}\right)\hat{\boldsymbol{j}} + \left(\frac{\partial A_y}{\partial x} - \frac{\partial A_x}{\partial y}\right)\hat{\boldsymbol{k}} \quad (A.48)$$

ある点の周りでベクトル場が回る傾向を示し，回転が最大になる回転軸の方向を向きにもつベクトル量である．

発散（$\nabla \cdot$）

$$\nabla \cdot A = \frac{\partial A_x}{\partial x} + \frac{\partial A_y}{\partial y} + \frac{\partial A_z}{\partial z} \quad (A.49)$$

ある点からベクトル場が流れる傾向を示すスカラー量である．

ベクトル演算子の恒等式

$$\nabla \times \nabla \psi = \boldsymbol{0} \quad (A.50)$$

$$\nabla \times (\nabla \times A) = \nabla(\nabla \cdot A) - \nabla^2 A \quad (A.51)$$

B. 電場のガウスの法則の証明

B.1 電荷が閉曲面内にある場合

1個の点電荷がある場合

面積分で表したガウスの法則 (1.28) を用いて，まず，閉曲面 S 内の点電荷が 1 個だけ（$Q = q$）の場合を証明する．図 B.1(a) のような任意の形状の閉曲面で囲まれた点電荷 q の場合，全電束 Φ_E は曲面の面積要素（面積 da）を通る電束 $d\Phi_E = E_n da$ の総和（積分）で求まる．点 O にある点電荷 q から距離 r の点 P にある da を通る電束 $d\Phi_E$ は，da での電場 $\boldsymbol{E}$ と単位法線ベクトル $\hat{\boldsymbol{n}}$ の成す角を θ とすれば

$$d\Phi_E = E_n da = \boldsymbol{E} \cdot \hat{\boldsymbol{n}}\, da = E\, da \cos\theta = E\, da' \quad (B.1)$$

である．ここで，da' は点 O を頂点とする円錐体が $\overline{OP}$ を半径 r とする球から切りとる面積（da のところで円錐面を垂直に切った切り口の断面積）である．θ は da と da' の間の角に等しいから，$da' = da\cos\theta$ である．

この da' は，図 B.1(b) のように，半径 r の球面に投影した da の視覚的な大きさに当たるので，立体角で表現できる．**立体角**とは，半径 r の球面上に勝手な閉曲線を描き，それに囲まれた領域の面積を A とするとき

$$\omega = \frac{A}{r^2} \quad (B.2)$$

で定義される量で，ω は球の中心から A を見たときの視覚的な大きさ（見かけの大きさ）を表す．例えば，遠くの星よりも近くの月の方が大きく見えるのは，立体角が大きいからである．なお，(B.2) から，球面の立体角は 4π である（球の表面積が $A = 4\pi r^2$ であるから）．

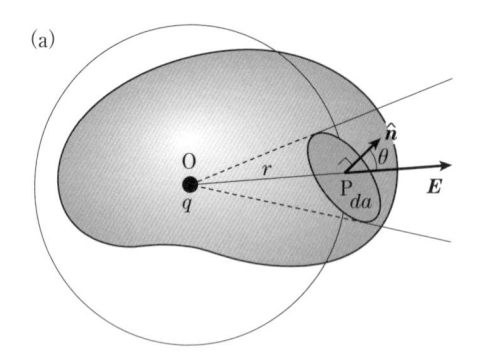

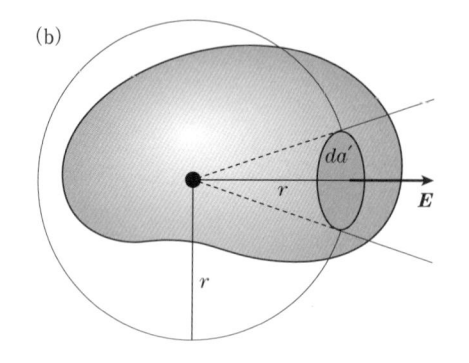

図 B.1 面内に電荷があるときの電場のガウスの法則
(a) 面積要素 da を通る電場
(b) 面積要素 da' と立体角の関係

そこで，図 B.1(b) の da' に対する立体角を

$$d\omega = \frac{da'}{r^2} \tag{B.3}$$

とすれば，(B.1) は

$$d\Phi_E = E\,da' = Er^2\,d\omega = \frac{q}{4\pi\varepsilon_0 r^2}r^2\,d\omega = \frac{q}{4\pi\varepsilon_0}d\omega \tag{B.4}$$

となり，電束 $d\Phi_E$ は立体角 $d\omega$ だけに依存することがわかる．したがって，閉曲面 S を通る全電束 Φ_E は，$d\Phi_E$ の積分より

$$\Phi_E = \frac{q}{4\pi\varepsilon_0}\oint_S d\omega = \frac{q}{4\pi\varepsilon_0} \times (\text{球面の立体角}) = \frac{q}{4\pi\varepsilon_0} \times 4\pi = \frac{q}{\varepsilon_0} \tag{B.5}$$

となり，(1.28) で $Q = q$ の場合が導かれる．

N 個の点電荷がある場合

N 個の点電荷が閉曲面 S 内にある場合は，個々の電荷ごとに電荷 q_i と電場 $\boldsymbol{E}_i$ の間で

B．電場のガウスの法則の証明　　195

$$\oint_S \boldsymbol{E}_i \cdot \hat{\boldsymbol{n}}\, da = \frac{q_i}{\varepsilon_0} \tag{B.6}$$

が成り立つ．これに，電場の重ね合わせの原理（1.13）の $\boldsymbol{E} = \boldsymbol{E}_1 + \cdots + \boldsymbol{E}_N$ を使えば

$$\oint_S \boldsymbol{E} \cdot \hat{\boldsymbol{n}}\, da = \oint_S (\boldsymbol{E}_1 + \cdots + \boldsymbol{E}_N) \cdot \hat{\boldsymbol{n}}\, da = \frac{1}{\varepsilon_0}(q_1 + \cdots + q_N) = \frac{Q}{\varepsilon_0} \tag{B.7}$$

となり，(1.28) が導かれる．

B.2　電荷が閉曲面の外にある場合

図 B.2 (a) のように，閉曲面 S の外にある電荷 q の電気力線は，閉曲面 S を通り抜けるだけなので，全電束がゼロになることは直観的にわかる．これを立体角を使って確かめておこう．閉曲面の $\hat{\boldsymbol{n}}$ は外向きで $\boldsymbol{E}_1$ と鋭角を成すから，$\cos\theta_1 > 0$

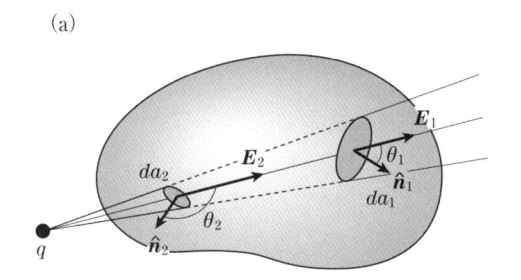

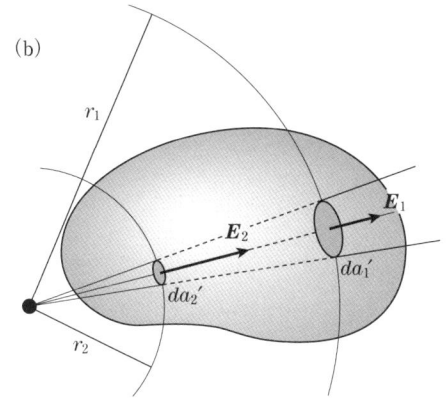

(a)

(b)

図 B.2　面外に電荷があるときの電場のガウスの法則
(a) 面積要素 da_1 と da_2 を通る電場
(b) 2 つの面積要素（da_1' と da_2'）と立体角の関係

より，面 da_1 から出る電束 $d\Phi_1$ は

$$d\Phi_1 = \boldsymbol{E}_1 \cdot \hat{\boldsymbol{n}}_1 \, da_1 = E_1 \cos\theta_1 \, da_1 = E_1 \, da'_1 \tag{B.8}$$

のように正である．一方，$\hat{\boldsymbol{n}}$ と $\boldsymbol{E}_2$ は鈍角を成すから，$\cos\theta_2 < 0$ より，面 da_2 に入る電束 $d\Phi_2$ は

$$d\Phi_2 = \boldsymbol{E}_2 \cdot \hat{\boldsymbol{n}}_2 \, da_2 = E_2 \cos\theta_2 \, da_2 = -E_2 \, da'_2 \tag{B.9}$$

のように負になる．

図 B.2(b) に示すように，da'_1 と da'_2 を電荷 q から見込む立体角は，ともに

$$d\omega = \frac{da'_1}{r_1^2} = \frac{da'_2}{r_2^2} \tag{B.10}$$

であるから，$d\Phi_1 = E_1 r_1^2 \, d\omega$ と $d\Phi_2 = -E_2 r_2^2 \, d\omega$ となる．これらに $E_1 = q/4\pi\varepsilon_0 r_1^2$ と $E_2 = q/4\pi\varepsilon_0 r_2^2$ を代入してから足し合わせると，その和 $d\Phi_E$ は

$$d\Phi_E = d\Phi_1 + d\Phi_2 = \frac{q}{4\pi\varepsilon_0}(d\omega - d\omega) = 0 \tag{B.11}$$

のように消える．$d\Phi_E$ の積分が閉曲面 S を通る全電束 Φ_E だから，$\Phi_E = 0$ である．つまり，外部の電荷は，閉曲面内の電荷がつくる電束に影響を与えない．

C. アンペールの法則の証明

非常に長い直線電流の場合について，アンペールの法則 (2.42) を証明する．閉曲線に沿う磁場を扱うから，極座標（図 C.1 (a)）を使う．点 $\mathrm{P}(r, \theta)$ での微小変位 $d\boldsymbol{l}$ は，図 C.1(b) のように，r 方向（動径方向）と θ 方向（方位角方向）に分解できるので，それぞれの大きさは

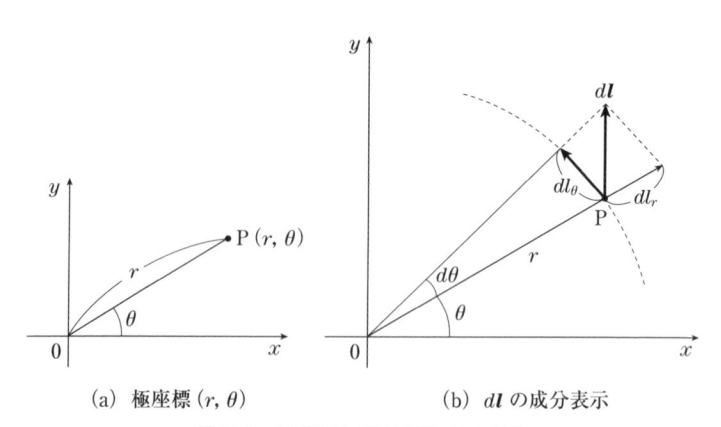

図 C.1 極座標と微小変位 $d\boldsymbol{l}$ の成分

(a) 極座標 (r, θ) (b) $d\boldsymbol{l}$ の成分表示

C. アンペールの法則の証明

$$dl_r = dr, \qquad dl_\theta = r\,d\theta \tag{C.1}$$

で与えられる．なお，dl_θ が $d\theta$ でなく，$r\,d\theta$ のように r が掛かる理由は，$dl_r = dr$ と同じ次元（長さ）をもたせるためである（θ は無次元）．

磁場 $\boldsymbol{B}$ は同心円状だから，磁場の B_r 成分はゼロ（$B_r = 0$）で B_θ 成分だけをもつ．(2.32) の B が B_θ になる（$B_\theta = \mu_0 I/2\pi r$）ので，$\boldsymbol{B}\cdot d\boldsymbol{l}$ は

$$\boldsymbol{B}\cdot d\boldsymbol{l} = B_r\,dl_r + B_\theta\,dl_\theta = B_\theta\,dl_\theta = \frac{\mu_0 I}{2\pi r} r\,d\theta = \frac{\mu_0 I}{2\pi}\,d\theta \tag{C.2}$$

である．

そこで，図 C.2(a) のように，2 つの閉曲線 C_1 と C_2 が電流に垂直な平面上にあるとする．まず，図 C.2(b) のように，閉曲線の内部に電流を含む場合を考えよう．このとき，$\boldsymbol{B}\cdot d\boldsymbol{l}$ の 1 周積分は

$$\oint_{C_1} \boldsymbol{B}\cdot d\boldsymbol{l} = \oint_{C_1} B_\theta\,dl_\theta = \frac{\mu_0 I}{2\pi} \oint_{C_1} d\theta \tag{C.3}$$

であるが，θ を C_1 の向き（つまり，正の角度の向き）に 1 周させると $+2\pi$ なので

$$\oint_{C_1} d\theta = \int_0^{2\pi} d\theta = +2\pi \tag{C.4}$$

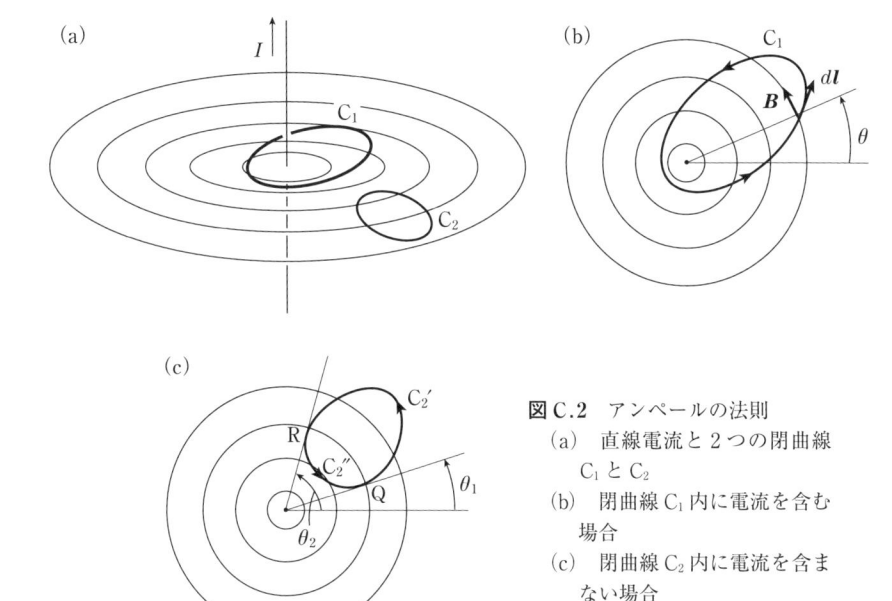

図 C.2 アンペールの法則
(a) 直線電流と 2 つの閉曲線 C_1 と C_2
(b) 閉曲線 C_1 内に電流を含む場合
(c) 閉曲線 C_2 内に電流を含まない場合

である．したがって，(C.3) は

$$\oint_{C_1} \boldsymbol{B} \cdot d\boldsymbol{l} = \mu_0 I \tag{C.5}$$

となる．この I が I_C に当たる．

次に，図 C.2(c) のように，閉曲線の内部に電流を含まない C_2 の場合を考えよう．原点 O から C_2 に接する 2 本の直線を引けば，Q と R を接点とした 2 つの積分経路 $C_2'(Q \to R)$ と $C_2''(R \to Q)$ が定義できる．このとき，1 周積分は

$$\oint_{C_2} \boldsymbol{B} \cdot d\boldsymbol{l} = \int_{C_2'} B_\theta \, dl_\theta + \int_{C_2''} B_\theta \, dl_\theta = \frac{\mu_0 I}{2\pi} \left(\int_{\theta_1}^{\theta_2} d\theta + \int_{\theta_2}^{\theta_1} d\theta \right) \tag{C.6}$$

となるが

$$\int_{\theta_1}^{\theta_2} d\theta = -\int_{\theta_2}^{\theta_1} d\theta \tag{C.7}$$

なので，(C.6) はゼロになる．以上より，アンペールの法則 (2.42) が導かれる．なお，(C.5) の左辺は磁場 $\boldsymbol{B}$ の循環 Γ である ((1.55) を参照)．C_1 は電流 I が貫いているため $\mu_0 I$ の値をもち，$\Gamma \neq 0$ となる．

このように，磁場 $\boldsymbol{B}$ は渦をもつ場（ソレノイダルな場）で，静電場 $\boldsymbol{E}$ と全く異なる構造をしていることがわかる．

D. 磁束の変化量

磁場の中で，コイル C が速度 $\boldsymbol{v}$ で動いているとする．いま，図 D.1(a) に示すように，時刻 t のときのコイル C（面 S）が時刻 $t + \Delta t$ に C′ に移動したとして，C′ を境界とする面を S′ とする．このとき，図 D.1(b) のように，磁場がコイルを通過すれば，面 S を通る磁束 $\Phi_S(t)$ と面 S′ を通る磁束 $\Phi_{S'}(t + \Delta t)$ の差（変化量）$\Delta \Phi = \Phi_{S'} - \Phi_S$ は

$$\Delta \Phi = \int_{S'} \boldsymbol{B}(t + \Delta t) \cdot \hat{\boldsymbol{n}} \, da - \int_{S} \boldsymbol{B}(t) \cdot \hat{\boldsymbol{n}} \, da \tag{D.1}$$

で与えられる．Δt は微小なので，$\boldsymbol{B}(t + \Delta t)$ を $\boldsymbol{B}(t)$ の周りで

$$\boldsymbol{B}(t + \Delta t) = \boldsymbol{B}(t) + \frac{\partial \boldsymbol{B}}{\partial t} \Delta t \tag{D.2}$$

のようにテイラー展開 ((A.22) を参照) すれば，(D.1) は

$$\Delta \Phi = \Delta t \int_{S'} \frac{\partial \boldsymbol{B}}{\partial t} \cdot \hat{\boldsymbol{n}} \, da + \Phi_{S'}(t) - \Phi_S(t) \tag{D.3}$$

となる．なお，時間微分が偏微分になるのは，$\boldsymbol{B}$ が空間座標にも依存するためである．ただし，(D.1) では簡潔に書くために $\boldsymbol{B}(\boldsymbol{r}, t)$ の $\boldsymbol{r}$ を省いている．

ここで，図 D.1(b) の下面 S と上面 S′ および側面 S″ から成る筒状の閉曲面 $\bar{S}$ を

D. 磁束の変化量

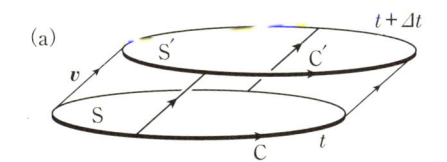

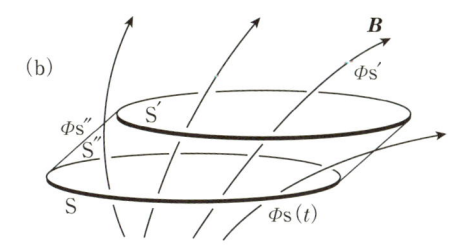

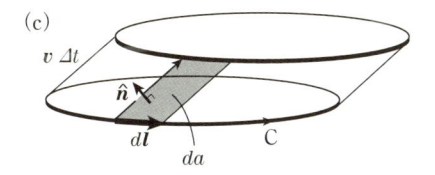

図 D.1 コイルの移動にともなう磁束の変化
(a) 速度 v で動くコイル C
(b) Δt の間にコイルを通過する磁場 B
(c) 面積ベクトル $\hat{n}\, da$

考え，それに (2.73) を拡張した (5.2) の「磁場のガウスの法則」を適用すると

$$\int_{\bar{S}} B(t) \cdot \hat{n}\, da = \Phi_{S''}(t) + \Phi_{S'}(t) - \Phi_S(t) = 0 \tag{D.4}$$

が成り立つ．磁束 Φ_S にマイナスが付くのは，閉曲面 $\bar{S}$ の単位法線ベクトル $\hat{n}$ が外向きに定義されるため，下面 S から入る $B(t)$ と $\hat{n}$ の成す角が鈍角になるからである．したがって，(D.3) は

$$\Delta \Phi = \Delta t \int_{S'} \frac{\partial B}{\partial t} \cdot \hat{n}\, da - \Phi_{S''}(t) \tag{D.5}$$

となる．

側面 S'' 上での微小面積 da（コイル C が Δt の間に掃過する面積）は，図 D.1(c) のように，2 辺が dl と $v\,\Delta t$ の平行四辺形の面積 $(dl)(v\,\Delta t)\sin\theta$ であるから，ベクトル積 $dl \times v\,\Delta t$ の大きさに当たる．そこで，大きさが da，向きが $\hat{n}$ の面積ベクトルを

$$\hat{n}\, da = dl \times v\, \Delta t \tag{D.6}$$

で定義すると（(1.18) を参照），磁束 $\Phi_{S''}$ の $B \cdot \hat{n}\, da$ 部分は

$$B \cdot \hat{n}\, da = B \cdot (dl \times v\, \Delta t) = B \cdot (dl \times v)\, \Delta t \tag{D.7}$$

と書ける．(D.7) の右辺のベクトル部分をベクトル公式のスカラー3重積 (A.16) とスカラー積の可換性 (A.12) を使って

$$\underbrace{\boldsymbol{B}\cdot(d\boldsymbol{l}\times\boldsymbol{v}) = d\boldsymbol{l}\cdot(\boldsymbol{v}\times\boldsymbol{B})}_{\text{スカラー3重積}} = \overbrace{(\boldsymbol{v}\times\boldsymbol{B})\cdot d\boldsymbol{l}}^{\text{スカラー積の可換性}} \tag{D.8}$$

のように変形すると，側面 S″ の磁束 $\Phi_{S''}$ は

$$\Phi_{S''}(t) = \int_{S''} \boldsymbol{B}\cdot\hat{\boldsymbol{n}}\,da = \oint_C (\boldsymbol{v}\times\boldsymbol{B})\cdot d\boldsymbol{l}\,\Delta t \tag{D.9}$$

となる．これを (D.5) に代入して，Δt で割れば

$$\frac{\Delta\Phi}{\Delta t} = \int_{S'} \frac{\partial \boldsymbol{B}}{\partial t}\cdot\hat{\boldsymbol{n}}\,da - \oint_C (\boldsymbol{v}\times\boldsymbol{B})\cdot d\boldsymbol{l} \tag{D.10}$$

となる．$\Delta t \to 0$ の極限で S′ = S になるから，(4.29) が導かれる．

E. 電磁場の相対性と誘導電場

2つの慣性座標系での電場と磁場

図 E.1(a) に示すように，2つの慣性座標系 (K 系と K′ 系) を考える．**慣性系**とは，ニュートンの運動法則が成り立つ座標系のことである．K 系に対して，K′ 系は速度 $\boldsymbol{u}$ で動いているとする．図 E.1(b) に示すように，K 系には電場 $\boldsymbol{E}$ と磁場 $\boldsymbol{B}$ があるので，その中を速度 $\boldsymbol{v}$ で運動している自由電子にローレンツ力 $\boldsymbol{F}$ がはたらく．同様に，K′ 系には電場 $\boldsymbol{E}'$ と磁場 $\boldsymbol{B}'$ があるので，その中を速度 $\boldsymbol{v}'$ で運動している自由電子にローレンツ力 $\boldsymbol{F}'$ がはたらく．つまり，それぞれの慣性系で電子にはたらくローレンツ力は

$$\boldsymbol{F} = q(\boldsymbol{E} + \boldsymbol{v}\times\boldsymbol{B}) \tag{E.1}$$
$$\boldsymbol{F}' = q(\boldsymbol{E}' + \boldsymbol{v}'\times\boldsymbol{B}') \tag{E.2}$$

である．2つの系で同じ電子を観測しているとすれば，$\boldsymbol{v}$ と $\boldsymbol{v}'$ との間には

$$\boldsymbol{v}' = \boldsymbol{v} - \boldsymbol{u} \tag{E.3}$$

の関係がある．

いま，ローレンツ力はどの慣性系でも同じであることを要請すれば，2つの慣性系での電場と磁場の間に

$$\boldsymbol{E}' = \boldsymbol{E} + \boldsymbol{u}\times\boldsymbol{B} \tag{E.4}$$
$$\boldsymbol{B}' = \boldsymbol{B} \tag{E.5}$$

という関係が成り立てばよい．なぜなら，これらを (E.1) と (E.2) に代入すれば，$\boldsymbol{F}' = \boldsymbol{F}$ を満たすからである．

E. 電磁場の相対性と誘導電場

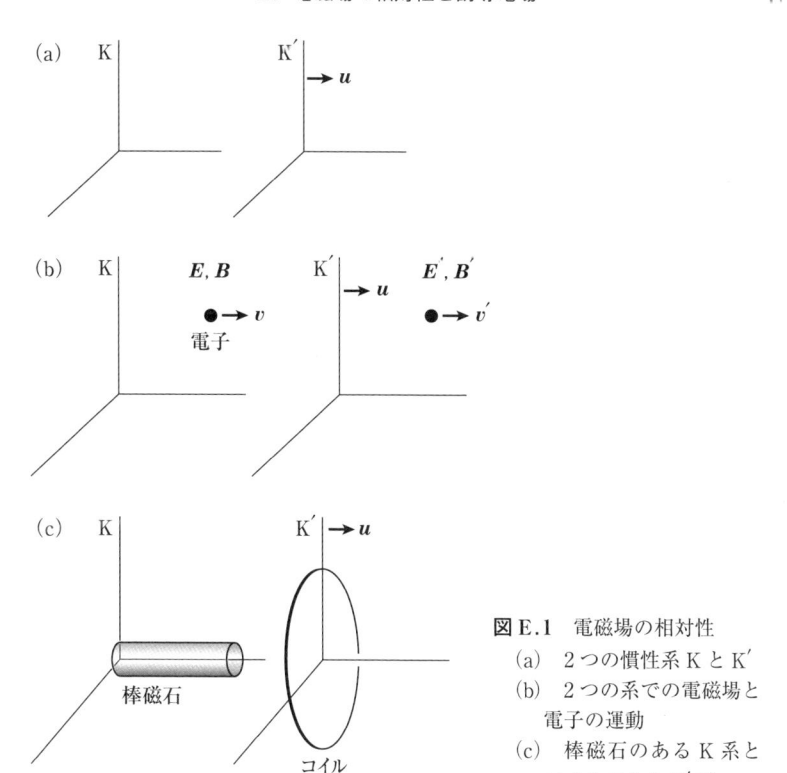

図 E.1 電磁場の相対性
 (a) 2つの慣性系 K と K′
 (b) 2つの系での電磁場と電子の運動
 (c) 棒磁石のある K 系とコイルのある K′ 系

電磁誘導を観測する2つの慣性系

2つの慣性座標系 K と K′ を 4.1.1 項の実験 A (C←M) と実験 B (M←C) の場合に適用しよう．図 E.1(c) のように，磁石に固定された座標系を K 系（実験 A），K 系に対して速度 u で運動しているコイルに固定された座標系を K′ 系（実験 B）とする．

K′ 系（実験 B）ではコイルは静止しているから，コイル内での電子の速度 v' もゼロである．そのため，(E.3) は $u = v$ となる．また，K 系（実験 A）で電場は存在しないから $E = 0$ である．したがって，(E.4) は

$$E' = v \times B \tag{E.6}$$

となる．このため，コイルに固定された K′ 系では，コイル内の自由電子はこの電場 E' から qE' の電気力を受けることになる．つまり，K 系における磁気力 $qv \times B$ と同じ力を受ける．

もし，K 系に電場 E も存在すれば，(E.6) は
$$E' = E + v \times B \tag{E.7}$$
となる．実は，この右辺が (4.6) の起電力 V の右辺と同じものになる．このため，ファラデーの法則 (4.1) を (4.30) のように表すときは，E と B は
$$\oint_C E' \cdot dl = -\frac{d}{dt} \int_S B' \cdot \hat{n} \, da \tag{E.8}$$
と書くのが正しい．つまり，この E' と B' は K′ 系（これを**コイルの静止系**という）で観測される電場と磁場であることに注意しなければならない．

一方，実験 A を記述する (4.12) の E と B は，普通に実験を行なう座標系（これを**実験室系**という）で観測される電場と磁場である．なお，(E.7) が示すように，電場と磁場は密接に関連しているので，まとめて**電磁場**とよぶことが多い．

アインシュタインの特殊相対性理論とファラデーの法則

力学で学ぶように，互いに等速度運動する慣性系では力学現象は変わらない．これを**ガリレイの相対性原理**とよび，慣性系の相対速度が u であるとき，速度に関して (E.3) の**ガリレイ変換**が成り立つ．

しかし，相対速度 u が光速度 c に近づくと，**ローレンツ変換**という別の変換を使わなければならない．このローレンツ変換のもとに成り立つ相対性原理を，**アインシュタインの特殊相対性原理**という．第 5 章で説明したように，電磁場は光速度で伝わる物理量であるから，ローレンツ変換に従う．この場合，電磁場の間には
$$E' = \gamma (E + u \times B) \tag{E.9}$$
$$B' = \gamma \left(B - \frac{u \times E}{c^2} \right) \tag{E.10}$$
という関係が成り立つ．ここで，$\gamma(u) = 1/\sqrt{1 - (u/c)^2}$ である．u は K 系から見た K′ 系の速さである．これらの式において，u/c を非常に小さいとして (E.10) の右辺の 2 項目を無視し，さらに $\gamma \approx 1$ とすれば，(E.9) と (E.10) は (E.4) と (E.5) になる．つまり，(E.4) と (E.5) は，相対速度 u が光速 c に比べて無視できるくらいに小さな場合に成り立つ電磁場の関係式である．

ファラデーの法則と電磁場の相対性は，本来，ローレンツ変換に基づいて論ずるべきものなのに，ガリレイ変換でもうまく論じることができたのは不思議なことである．このようなことができた理由は，上で示したように，相対論的効果の現れ方が電場と磁場で異なるためである．電場の相対論的効果は γ だけなので，(E.9) の E' は $\gamma \approx 1$ で $E' = E + u \times B$ と移行し，ガリレイ変換の (E.4) と一致した．一方，磁場の相対論的効果は γ と $u \times E/c^2$ であるが，$u \times E/c^2$ は無視できるほど小さかったため，(E.10) は $B' = B$ となり，ガリレイ変換の (E.5) と一致した．このとき，ローレンツ力も 2 つの系で同じになる．このような理由で，ファラデーの

法則に限っていえば，ガリレイの相対性原理の枠内でも矛盾なく議論できたのである．

F．マクスウェル方程式の平面波近似

図 5.2 に示すような，x 方向に進行する平面電磁波を仮定する．電場 E と磁場 B は平面（波面）上にあり，E は y 方向，B は z 方向を向いている．

ファラデーの法則から導かれる微分方程式

ファラデーの法則 (5.3) から (5.8) を導くために，図 F.1(a) に示すような，時刻 t での 2 つの位置 x と $x + dx$ における波面を考える．いま，図 F.1(b) のように，xy 平面上に長方形（幅 dx，長さ l）の経路をつくり，この経路に沿って (5.3) の左辺の線積分を行なうと

$$\oint_C \boldsymbol{E} \cdot d\boldsymbol{l} = \int_a^b E \cos\frac{\pi}{2} dl + \int_b^c E \cos 0 \, dl + \int_c^d E \cos\frac{\pi}{2} dl + \int_d^a E \cos\pi \, dl \tag{F.1}$$

より

$$\oint_C \boldsymbol{E} \cdot d\boldsymbol{l} = E(x+dx, t) \int_b^c dl - E(x, t) \int_d^a dl = E(x+dx, t) l - E(x, t) l \tag{F.2}$$

となる．ここで，電場はそれぞれの積分経路上で一定だから，積分の外に出せることを使った．dx は微小量なので，電場 $E(x+dx, t)$ をテイラー展開すれば

$$E(x+dx, t) = E(x, t) + \left[\frac{dE}{dx}\right]_{t=\text{一定}} dx = E(x, t) + \frac{\partial E}{\partial x} dx \tag{F.3}$$

となる．ここで，dE/dx はある特定の時刻 t における x に対する E の変化を表すから，dE/dx は偏微分 $\partial E/\partial x$ と等価であることに注意しよう．(F.3) を (F.2) に代入すると，(F.2) は

$$\oint_C \boldsymbol{E} \cdot d\boldsymbol{l} = \frac{\partial E}{\partial x} l \, dx \tag{F.4}$$

となる．

次に，(5.3) の右辺の磁束変化を考える．磁場 B は z 方向を向いているから，長方形の単位法線ベクトル $\hat{\boldsymbol{n}}$ と同じ向きである（$\boldsymbol{B}\cdot\hat{\boldsymbol{n}} = B\cos 0 = B$）．したがって，(5.3) の右辺は

$$\int_S \frac{\partial \boldsymbol{B}}{\partial t} \cdot \hat{\boldsymbol{n}} \, da = \int_S \frac{\partial \boldsymbol{B}\cdot\hat{\boldsymbol{n}}}{\partial t} da = \frac{\partial B}{\partial t} \int_S da = \frac{\partial B}{\partial t} l \, dx \tag{F.5}$$

のようになる．ここで，$l\,dx$ は長方形の面積であるから，(F.5) は長方形を通る磁

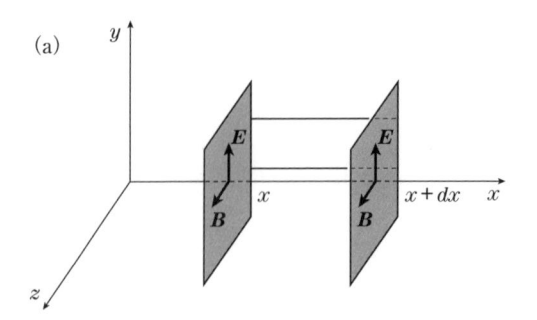

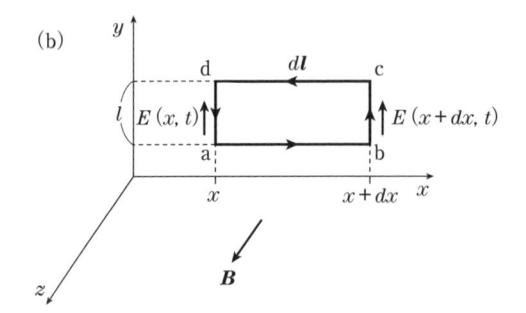

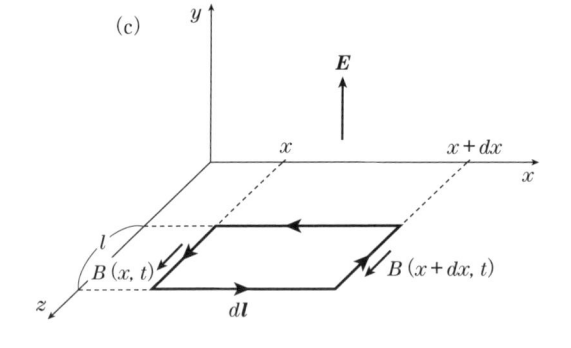

図 F.1 電磁場の平面波近似
(a) 微小区間 dx における波面
(b) ファラデーの法則を適用する xy 平面内の積分経路
(c) アンペール-マクスウェルの法則を適用する xz 平面内の積分経路

束 $Bl\,dx$ の時間微分に当たる．(F.4) と (F.5) から，ファラデーの法則は

$$\left(\frac{\partial E}{\partial x} + \frac{\partial B}{\partial t}\right)l\,dx = 0 \tag{F.6}$$

となる．$l\,dx \neq 0$ なので，(5.8) が導かれる．

アンペール-マクスウェルの法則から導かれる微分方程式

アンペール-マクスウェルの法則 (5.4) から (5.9) を導く．いま自由空間

（真空）を考えているから，伝導電流はゼロ（$I_C = 0$）である．図 F.1(c) に示すように，xz 平面上に長方形の経路をつくり，この経路に沿って (5.4) の $B \cdot dl$ の線積分を行なう．磁場 B は z 方向を向いているので，dl との向きを考慮すると，(5.4) の左辺の線積分は (F.4) と同じように

$$\oint_C \boldsymbol{B} \cdot d\boldsymbol{l} = -\frac{\partial B}{\partial x} l\, dx \tag{F.7}$$

で表される．

一方，(5.4) の右辺の電束部分も (F.5) と同じように計算すれば

$$\frac{d}{dt}\int_S \boldsymbol{E} \cdot \hat{\boldsymbol{n}}\, da = \frac{d}{dt}\int_S E\, da = \frac{\partial E}{\partial t}\int_S da = \frac{\partial E}{\partial t} l\, dx \tag{F.8}$$

となる．ここで，電場の時間微分が偏微分になるのは，電場が空間にも依存するからである．したがって，(F.7) と (F.8) からアンペール－マクスウェルの法則は

$$\left(\frac{\partial B}{\partial x} + \mu_0 \varepsilon_0 \frac{\partial E}{\partial t}\right) l\, dx = 0 \tag{F.9}$$

となり，(5.9) が導かれる．

G. マクスウェル方程式とベクトル場の積分公式

ストークスの定理

$$\oint_C \boldsymbol{A} \cdot d\boldsymbol{l} = \int_S (\boldsymbol{\nabla} \times \boldsymbol{A}) \cdot \hat{\boldsymbol{n}}\, da \tag{G.1}$$

「ある閉曲線 C に沿ったベクトル場 A の線積分は，その閉曲線 C を縁とする任意の曲面 S について，ベクトル場 A の回転 $\boldsymbol{\nabla} \times \boldsymbol{A}$ を面積分したものに等しい.」

(G.1) は，線積分と面積分を結び付ける定理である．

ファラデーの法則の微分形

積分形のファラデーの法則 (5.3) にストークスの定理を適用すれば，微分形が導けることを示そう．(5.3) の左辺を (G.1) で書き換えれば

$$\oint_C \boldsymbol{E} \cdot d\boldsymbol{l} = \int_S (\boldsymbol{\nabla} \times \boldsymbol{E}) \cdot \hat{\boldsymbol{n}}\, da \tag{G.2}$$

であるから，ファラデーの法則は

$$\int_S (\boldsymbol{\nabla} \times \boldsymbol{E}) \cdot \hat{\boldsymbol{n}}\, da = -\int_S \frac{\partial \boldsymbol{B}}{\partial t} \cdot \hat{\boldsymbol{n}}\, da \tag{G.3}$$

となる．これから

$$\int_S \left(\nabla \times E + \frac{\partial B}{\partial t} \right) \cdot \hat{n}\, da = 0 \tag{G.4}$$

という式を得るが，この式は任意の曲面上で成り立たなければならないから

$$\nabla \times E + \frac{\partial B}{\partial t} = \mathbf{0} \tag{G.5}$$

でなければならない．したがって，(5.33) が導かれる．

同様の計算を，アンペール–マクスウェルの法則 (5.4) に行なえば，微分形の (5.34) が導かれる．

ガウスの発散定理

$$\oint_S A \cdot \hat{n}\, da = \int_V (\nabla \cdot A)\, dV \tag{G.6}$$

「ある閉曲面 S 上でのベクトル場 A の面積分は，この閉曲面 S で囲まれた領域内で，ベクトル場 A の発散 $\nabla \cdot A$ を体積分したものに等しい．」

(G.6) は面積分と体積分を結び付ける定理で，**ガウスの定理**ともいう．

ガウスの法則の微分形

積分形の電場のガウスの法則 (5.1) に発散定理を適用すれば，微分形が導けることを示そう．(5.1) の左辺を (G.6) で書き換えれば，ガウスの法則は

$$\oint_S E \cdot \hat{n}\, da = \int_V (\nabla \cdot E)\, dV = \frac{Q}{\varepsilon_0} \tag{G.7}$$

となる．右辺の電荷 Q は体積電荷密度（これを ρ とする）を使って

$$Q = \int_V \rho\, dV \tag{G.8}$$

のように体積分で書ける．これから

$$\int_V \left(\nabla \cdot E - \frac{\rho}{\varepsilon_0} \right) dV = 0 \tag{G.9}$$

という式を得るが，この式は任意の体積で成り立たなければならないから

$$\nabla \cdot E - \frac{\rho}{\varepsilon_0} = 0 \tag{G.10}$$

でなければならない．したがって，(5.31) が導かれる．

同様の計算を，磁場のガウスの法則 (5.2) に行なえば，微分形の (5.32) が導かれる．

電磁場の波動方程式の導出

マクスウェル方程式の微分形とベクトル演算子の恒等式を使えば，波動方程式が簡単に導けることを示そう．

まず，ファラデーの法則の微分形 $\nabla \times E = -\partial B/\partial t$ に対して

$$\nabla \times (\nabla \times E) = \nabla \times \left(-\frac{\partial B}{\partial t}\right) = -\frac{\partial}{\partial t}(\nabla \times B) \tag{G.11}$$

のように，両辺に $\nabla \times$ を左から掛ける．ここで，2番目から3番目の式に移るときに，回転（つまり，空間微分 ∇）と時間微分 $\partial/\partial t$ の順序を入れ換えたことに注意する．(G.11) の1番目の式は，(A.51) を使って

$$\nabla \times (\nabla \times E) = \nabla(\nabla \cdot E) - \nabla^2 E \tag{G.12}$$

と書ける．

一方，(G.11) の3番目の式の $\nabla \times B$ をアンペール－マクスウェルの法則で書き換えれば，(G.11) と (G.12) から

$$\nabla(\nabla \cdot E) - \nabla^2 E = -\frac{\partial}{\partial t}\left(\mu_0 J + \mu_0 \varepsilon_0 \frac{\partial E}{\partial t}\right) \tag{G.13}$$

を得る．(G.13) の左辺の1項目は，電場のガウスの法則 $\nabla \cdot E = \rho/\varepsilon_0$ で書き換えることができるが，いま自由空間を考えているから，電荷も電流も存在しない（$\rho = 0$, $J = 0$）．つまり，$\nabla \cdot E = 0$ である．したがって，(G.13) は

$$\nabla^2 E = \left(\frac{\partial^2}{\partial x^2} + \frac{\partial^2}{\partial y^2} + \frac{\partial^2}{\partial z^2}\right)E = \mu_0 \varepsilon_0 \frac{\partial^2 E}{\partial t^2} \tag{G.14}$$

となる．これが，電場の波動方程式である．(5.11) は，(G.14) で $E = E_y(x,t)\hat{j} = E(x,t)\hat{j}$ とおいた場合に当たる．ただし，$\hat{j}$ は y 方向の単位ベクトルである．

磁場の波動方程式 (5.12) は，(G.11) でファラデーの法則の代わりにアンペール－マクスウェル方程式を使って，同じようにベクトル計算を行なえば導くことができる．

H. 電磁気学の単位

電磁気学の単位系（電場 E，磁場 B，μ_0，ε_0 などの次元）は，マクスウェル方程式とローレンツ力の式を組み合わせて決められたものである．ここで，これらの関係を整理しよう．

電場と磁場の次元の決め方

長さ (length) の次元を L，時間 (time) の次元を T，物理量 X の次元を $[X]$ と書くことにする．まず，ファラデーの法則 (5.3) から

$$\frac{[E]}{[B]} = \frac{L}{T} = (\text{速度の次元}) \equiv c(\text{この記号で速度を表す}) \tag{H.1}$$

を得る．なぜならば，(5.3) の左辺は電場 E と経路 dl（長さの次元をもつ）の積だから次元は $[E]L$ で，右辺は磁場の時間微分 $\partial B/\partial t$ と面積 da の積だから次元は

$([B]/T) L^2$ である．したがって，$[E] L = [B] L^2/T$ より (H.1) となる．

同様の計算により，アンペール–マクスウェルの法則 (5.4) から

$$[\mu_0 \varepsilon_0] = \frac{T [B]}{L [E]} = \frac{T^2}{L^2} = c^{-2} \tag{H.2}$$

を得る．ここで (H.1) を使った．

電流 I と電荷 q の関係 $I = dq/dt$ を次元で表せば，$[q] = [I] T$ である．さらに $[v] = L/T$ に注意すれば，ローレンツ力 (3.3) の次元を表す式は

$$[F] = [q] [E] + [q] [v] [B] = [q] [E] + [I] [B] L \tag{H.3}$$

となる．右辺の 2 つの項の次元は，それぞれ左辺の次元に等しいから

$$[F] = [q] [E], \qquad [F] = [I] [B] L \tag{H.4}$$

である．当然，(H.4) から $[q] [E] = [I] [B] L$ だから

$$\frac{[q]}{[I]} = L \frac{[B]}{[E]} = T \tag{H.5}$$

が成り立つ（$[q] = [I] T$）．また，(H.4) より，電場と磁場の次元は

$$[E] = \frac{[F]}{[q]}, \qquad [B] = \frac{[F]}{[I] L} \tag{H.6}$$

である．ここで，MKS 単位系を使うと，$L = $ m，$T = $ s である．

一方，$[q]$ と $[I]$ は電磁気学で初めて出てくる次元の単位で

$$[q] = クーロン \equiv C, \qquad [I] = アンペア \equiv A \tag{H.7}$$

である．これらは，力学的な量に還元できない量である．しかし，これらは独立な量ではなく，(H.5) より C = A·s という関係がある．このため，どちらか一方の単位を決めればよいことがわかる．ふつう A の方を基本にとる（MKSA 単位系）ので，電場と磁場の単位は

$$[E] = N/(A·s) = N/C, \qquad [B] = N/(A·m) = テスラ \tag{H.8}$$

となる．ただし，N はニュートン（力の単位）である．

μ_0 と ε_0 の決め方

(H.2) の関係があるので，どちらかを決めればよい．ε_0 は (1.1) のクーロン力を利用するのが簡単である．等量の電荷 q を互いに 1 m 離して置いたときの力が

$$F = \frac{(2.998 \times 10^8)^2}{10^7} N = 8.988 \times 10^9 N \tag{H.9}$$

であるとき，その電荷を 1 C と決める．ここで 2.998×10^8 という数字は (H.1) の

定数 c の値で，これが真空中の電磁波の速度 (5.19) に当たる．つまり，(H.9) が (1.2) の $1/4\pi\varepsilon_0$ の値である．このようにして ε_0 を決めれば，(H.2) から (2.27) の μ_0 も一意的に決まる．

演習問題解答

第 1 章

[**1.1**] $F = (1/4\pi\varepsilon_0)(|qq'|/r^2) = (9 \times 10^9) \times (1.60 \times 10^{-19})^2/(0.53 \times 10^{-10})^2$
$= 8.2 \times 10^{-8}$ N となる.

[**1.2**] q にはたらく力はともに引力で,q_1 から $F_1 = (1/4\pi\varepsilon_0)(|q_1q|/x^2)$,$q_2$ から $F_2 = (1/4\pi\varepsilon_0)|q_2q|/(a-x)^2|$ の力がはたらく.これらがつり合えばよいから,$F_1 = F_2$ より 2 次方程式 $(q_2 - q_1)x^2 + 2aq_1x - q_1a^2 = 0$ を得る.この解は 2 つあるが,題意から $x > 0$ なので $x = (-q_1 + \sqrt{q_1q_2})a/(q_2 - q_1)$ である.これに,$q_1 = 2\mu$C と $q_2 = 8\mu$C を代入する(右辺の分母と分子の電荷の単位は打ち消すから μC のままでよい)と,$x = a/3$ を得る.したがって,$x = 1$ m より $a = 3$ m となる.

[**1.3**] 電場は,$E = F_1/q_1 = 8 \times 10^{-4}/(2 \times 10^{-6}) = 4 \times 10^2$ N/C である.電荷 q_2 にはたらく力は $F_2 = q_2E = (-3 \times 10^{-6}) \times (4 \times 10^2) = -12 \times 10^{-4}$ N で,引力である.

[**1.4**] S_1 内の電荷は $Q_1 = -2 + 7 - 23 = -18\mu$C で,$S_2$ 内の電荷は $Q_2 = 1 + 2 - 11 + 35 = 27\mu$C である.$S_1$ の電束は $\Phi_1 = Q_1/\varepsilon_0 = -18 \times 10^{-6}/(9 \times 10^{-12}) = -2 \times 10^6$ N·m^2/C となる.負だから,Φ_1 は S_1 に入る.S_2 の電束は $\Phi_2 = Q_2/\varepsilon_0 = 27 \times 10^{-6}/(9 \times 10^{-12}) = 3 \times 10^6$ N·m^2/C で,正なので S_2 から出る.

[**1.5**] 球対称な電荷分布だから,ガウス面は[例題 1.6]と同じ球面である.したがって,球の外部の電場は,半径 r のガウス面 S_1 を使って,$E(r) = E_1 = Q/4\pi\varepsilon_0r^2$ である.球の内部 $(r < a)$ の電荷 Q' は,半径 r のガウス面 S_2 内の電荷だから $Q' = Qr^3/a^3$ である.したがって,電場は $E(r) = E_2 = Q'/4\pi\varepsilon_0r^2 = Qr/4\pi\varepsilon_0a^3$ となる.
球の外部の点 P $(r > a)$ での電位は

$$\phi_P(r) = -\int_\infty^r E_1\,dr = -\frac{Q}{4\pi\varepsilon_0}\int_\infty^r \frac{1}{r^2}\,dr = \frac{Q}{4\pi\varepsilon_0r}$$

である.球の内部の点 P′ $(r < a)$ での電位 $\phi_{P'}(r)$ は,球内で電場が E_2 に変わるので,積分区間 $[\infty, r]$ を $[\infty, a]$ と $[a, r]$ に分けて

$$\phi_{P'}(r) = -\int_\infty^r E_2\,dr - \int_\infty^a E_1\,dr = -\frac{Q}{4\pi\varepsilon_0a^3}\int_a^r r\,dr + \phi_P(a)$$

のように計算しなければならない.その結果,

$$\phi_{P'}(r) = -\frac{Q}{4\pi\varepsilon_0a^3}\frac{r^2 - a^2}{2} + \phi_P(a) = \frac{Q}{4\pi\varepsilon_0}\frac{3a^2 - r^2}{2a^3}$$

となる.

次に,(a) $r = 0$ m のとき,$E(0) = E_2(0) = 0$,$\phi_{P'}(0) = 3Q/8\pi\varepsilon_0 a$ で,(b) $r = 1.0$ m のときは,$E(1) = E_1(1) = Q/(4\pi\varepsilon_0 \times 1^2)$,$\phi_P(1) = Q/(4\pi\varepsilon_0 \times 1)$ である.これらに,$Q = 9\,\mu$C と $a = 0.1$ m を代入すると,$\phi_{P'}(0) = 121.5 \times 10^2$ N·m/C,$E_1(1) = 81 \times 10^3$ N/C,$\phi_P(1) = 81 \times 10^3$ N·m/C となる.

[**1.6**] 空間の 1 点 (a, b, c) にある点電荷 q が点 P(x, y, z) につくる電位 ϕ は (1.54) より

$$\phi(x, y, z) = \frac{q}{4\pi\varepsilon_0} \frac{1}{\sqrt{(x-a)^2 + (y-b)^2 + (z-c)^2}} = \frac{q}{4\pi\varepsilon_0 r}$$

である.(1.62) の E_x の式に $\phi(x, y, z)$ を代入すれば

$$E_x = -\frac{\partial \phi}{\partial x} = -\frac{d\phi(r)}{dr}\frac{\partial r}{\partial x} = -\left(\frac{d}{dr}\frac{q}{4\pi\varepsilon_0 r}\right)\frac{\partial r}{\partial x} = \frac{q}{4\pi\varepsilon_0 r^2}\frac{\partial r}{\partial x}$$

となる.r の x に関する偏微分 $(\partial r/\partial x)$ は (A.38) であるから,E_x は

$$E_x = \frac{q}{4\pi\varepsilon_0}\frac{x-a}{r^3}$$

となる.同様に,E_y と E_z を計算すれば

$$E_y = -\frac{\partial \phi}{\partial y} = \frac{q}{4\pi\varepsilon_0}\frac{y-b}{r^3}, \qquad E_z = -\frac{\partial \phi}{\partial z} = \frac{q}{4\pi\varepsilon_0}\frac{z-c}{r^3}$$

となる.したがって,電場の大きさ E は

$$E = \sqrt{E_x^2 + E_y^2 + E_z^2} = \frac{q}{4\pi\varepsilon_0 r^2}$$

となる.これは (1.11) と同じだから,確かに電位の微分から電場が正しく導かれることがわかる.

[**1.7**] $E = 100$ N/C なので,電荷密度 σ は $\sigma = \varepsilon_0 E = (9 \times 10^{-12}) \times 100 = 9 \times 10^{-10}$ C/m^2 である.表面積は $A = 4\pi R^2 = 4\pi \times (6.4 \times 10^6)^2 = 514 \times 10^{12}$ m^2 だから ($\pi = 3.14$),地球表面の全電荷 Q は $Q = A\sigma = 4.6 \times 10^5$ C となる.

第 2 章

[**2.1**] (2.5) からドリフト速度 v_d は,$v_d = I/n(-e)A$ で与えられる.この式に数値を代入すれば,$v_d = I/n(-e)A = 10/\{(8.5 \times 10^{28}) \times (1.6 \times 10^{-19}) \times (3 \times 10^{-6})\} = 2.5 \times 10^{-4}$ m/s となる.

[**2.2**] $I = V/R$ を (2.7) で書き換えた $I = AV/\rho l$ に数値を代入すると,$I = AV/\rho l = (0.5 \times 10^{-6}) \times 5.6/\{(5.6 \times 10^{-8}) \times 5\} = 10.0$ A となる.

[2.3] キルヒホッフの第1法則は $I_2 = I_1 + I_3$ である．キルヒホッフの第2法則は，車Aの「回路の仮の向き」を時計回りにとると $V_2 = R_2I_2 + R_3I_3$，車Bの「回路の仮の向き」を反時計回りにとると $V_2 - V_1 = R_1I_1 + R_2I_2$ となる．これらの式から，$I_2 = -[(V_1 - V_2)R_3 - V_2R_1]/R$ と $I_3 = (V_1R_2 + V_2R_1)/R$ を得る．ただし，$R = R_1R_2 + R_2R_3 + R_3R_1$ である．数値を入れると，$R = 0.0605\,\Omega$ で各電流は $I_2 = -7.44\,\text{A}$，$I_3 = 248.76\,\text{A}$，$I_1 = I_2 - I_3 = -256.20\,\text{A}$ となる．I_1 と I_2 が負なので，初めに決めた I_1 と I_2 の向きは間違っていたことになるが，数値は正しいから，電流の大きさは $I_1 = 256.20\,\text{A}$，$I_2 = 7.44\,\text{A}$ となる．

[2.4] 半径 R の円電流 I による中心磁場を B_c とすると，長さ l の円弧による磁場 B は $B = B_c \times |(\pi/6)/2\pi| = B_c/12$ である．半径 R は，円弧の長さ $l = 2\pi R \times |(\pi/6)/2\pi| = \pi R/6$ と $2R + l = 1.0$ から，$R = 0.5/(1 + \pi/12) = 0.4\,\text{m}$ である．$I = 3\,\text{A}$ と $\mu_0 = 4\pi \times 10^{-7} = 12.6 \times 10^{-7}\,\text{Wb}/(\text{A}\cdot\text{m})$ を $B_c = \mu_0 I/2R$ に代入すれば，$B_c = 47.3 \times 10^{-7}\,\text{T}$ なので，求める磁場は $B = B_c/12 = 3.9 \times 10^{-7}\,\text{T}$ となる．I と B は右ネジの関係だから，磁場は紙面の表から裏向きである．

[2.5] 題意より，(2.33)の角度を $\theta_1 = \pi/4$ と $\theta_2 = \theta_1 + \pi/2$ におけば，正方形の一辺を表すことができる．$\cos\theta_2 = -\sin\theta_1$ だから，この一辺が正方形の中心につくる磁場（これを B' とする）は $B' = (\mu_0 I/4\pi a)(\cos\theta_1 + \sin\theta_1)$ である．$\cos\theta_1 + \sin\theta_1 = 2/\sqrt{2} = \sqrt{2} = 1.4$，$a = l/2 = 0.2\,\text{m}$，$I = 10\,\text{A}$，$\mu_0/4\pi = 1.0 \times 10^{-7}\,\text{Wb}/(\text{A}\cdot\text{m})$ を代入すれば，$B' = 70 \times 10^{-7}\,\text{T}$ となるので，求める磁場は $B = 4B' = 280 \times 10^{-7} = 28\,\mu\text{T}$ となる．磁場の向きはテーブルの上から下向きとなる．

[2.6] 直線電流 I から距離 d の点での磁場は $B = \mu_0 I/2\pi d$ である．題意から，$\tan\theta = B/B_0$ を満たす θ を決めればよい．$d = 0.02\,\text{m}$，$\mu_0/2\pi = 2.0 \times 10^{-7}\,\text{Wb}/(\text{A}\cdot\text{m})$，$I = 4.5\,\text{A}$ を B に代入すると $B = 4.5 \times 10^{-5}\,\text{T}$ だから，$\tan\theta = B/B_0 = 1$ となる．したがって，$\theta = \pi/4$ となる．

[2.7] $RI + q/C = 0$ を t で微分すると，$R(dI/dt) + (1/C)(dq/dt) = RdI/dt + I/C = 0$ となる．これは(2.58)と同じ形だから，解は(2.62)である．$I(0)$ は $q(0) = Q$ より $I(0) = -q(0)/CR = -Q/CR$ である．一方，電荷は $q(t) = -RCI(t)$ で与えられる．したがって，(2.63)が導かれる．

第 3 章

[3.1] 磁気力 $F = qv \times B$ に v と B を代入してベクトル積の定義に従って計算すれば，$F = q(10\hat{i} + 7\hat{j} + 8\hat{k})$ となる．ここで，$\hat{i} \times \hat{j} = \hat{k}$ や $\hat{i} \times \hat{i} = 0$ のような単位ベクトルの性質を使った．磁気力の大きさは $F = |F| = |q|\sqrt{10^2 + 7^2 + 8^2} =$

第 4 章　　　　　　　　　　　　　213

14.6|q| なので，$q = 1.6 \times 10^{-19}$ C より $F = 2.33 \times 10^{-18}$ N となる．

[3.2]　周期 T は，円周を速さ $v = qrB/m = |e|rB/m$ で割った時間だから，$T = 2\pi r/v = 2\pi m/|e|B$ である．$m = 9.1 \times 10^{-31}$ kg, $|e| = 1.6 \times 10^{-19}$ C, $B = 1.0 \times 10^{-3}$ T を代入すると，$T = 3.6 \times 10^{-8}$ s となる．このように，サイクロトロン運動では周期は速さ v に依存せず一定である．

[3.3]　長さ L の導線にはたらく磁気力の大きさは $F = IBL$ である．長さ L の導線の質量は $m = \rho L$ だから，そこに重力 $F' = mg = \rho Lg$ がはたらく．題意より，$F = F'$ を満たす電流 I を決めればよい．$I = \rho g/B$ に $\rho = 2 \times 10^{-3}$ kg/m, $g = 9.8$ m/s², $B = 3.3 \times 10^{-5}$ T を代入すると，電流は $I = \rho g/B = (2 \times 10^{-3}) \times 9.8/(3.3 \times 10^{-5}) = 5.9 \times 10^2$ A となる．B は北向きなので I は東向きである．

[3.4]　2本の導線の間にはたらく単位長さ当たりの力の大きさは $F = \mu_0 I^2/2\pi a$ で，1本の導線には他の2本の導線から，この力がはたらく．力の向きを考えると，その合力 f は $f = 2F\cos(\pi/6) = \sqrt{3}F$ である．$I = 10$ A, $a = 0.1$ m, $\mu_0/2\pi = 1 \times 10^{-7}$ Wb/(A·m) より $F = 2 \times 10^{-4}$ N/m だから，$f = \sqrt{3}F = 3.4 \times 10^{-4}$ N/m となる．

[3.5]　電流 $I = N/nAB$ にトルク $N = 6 \times 10^{-3}$ N·m, 巻数 $n = 100$, 面積 $A = 0.2$ m², 磁場 $B = 0.3$ T の数値を代入すると，電流は $I = 1$ mA となる．

[3.6]　円形コイルの磁気モーメント（大きさ $m = nIA$）にはたらくトルクの大きさ N は $N = mB\sin\theta$ であるから，磁場内で半回転させるための仕事は

$$W = \int_0^\pi N\,d\theta = mB\int_0^\pi \sin\theta\,d\theta = 2mB = 2nIAB$$

である．これに巻数 $n = 50$, $I = 0.4$ A, $A = 0.03$ m², $B = 2.0$ T の数値を代入すると，仕事は $W = 2.4$ J となる．

[3.7]　電子が円を1周する時間 T は $T = 2\pi a/v$ だから，電子は円上の1点を毎秒 $1/T$ 回通過する．そのため，この円を導線と見なせば，速さ v の電子の運動は $I = |e|/T = |e|v/2\pi a$ の電流と同じである．したがって，円電流（面積 $A = \pi a^2$）による磁気モーメントの大きさは $\mu = AI = \pi a^2 I$ より $\mu = |e|va/2$ となる．数値を代入すると，$\mu = 9.3 \times 10^{-24}$ (A·m²) となる．

第 4 章

[4.1]　電磁誘導の $V = -d\Phi/dt$ と $V = RI$, $I = -dq/dt$ を組み合わせると，$R\,dq/dt = -d\Phi/dt$ より $R\,dq = -d\Phi$ を得る．題意より

$$\int_0^Q dq = -\frac{1}{R}\int_\Phi^0 d\Phi = -\frac{1}{R}\left[\Phi\right]_{\Phi=\Phi}^{\Phi=0} = \frac{\Phi}{R}$$

なので $RQ = \Phi$ を得る．磁束は $\Phi = NAB$ だから，磁場は $B = \Phi/NA = RQ/NA$ である．$R = 50\,\Omega$，$Q = 9.0 \times 10^{-6}\,\mathrm{C}$，$N = 100$，$A = 0.03\,\mathrm{m}^2$ を代入すると，磁場は $B = 1.5 \times 10^{-4}\,\mathrm{T}$ となる．

[4.2] 題意から，誘導起電力は $V = -N(dB/dt)A\cos 0$ である．$B(t) = 0.01t + 0.04\,t^2$ より $dB/dt = 0.01 + 0.08t$ なので，$V(t) = -NA(0.01 + 0.08\,t)$ である．$A = 0.02\,\mathrm{m}^2$ と $N = 100$ より，$t = 2$ での誘導起電力の大きさは $|V(2)| = 0.34$ V で，誘導電流は $I = |V|/R = 0.17$ A となる．コイルを通る磁束は増加しているから，レンツの法則より，I は上から見て時計回りに流れる．

[4.3] 電子は，磁気力 F を受けて下端部分に移動を始め，それとともに上端部分には正の電荷が残る．その結果，導体棒内には下向きの電場 E が生まれる．電子はこの電場から $F' = qE$ の大きさの力（電気力）を上向きに受ける．この上向きの電気力 qE は，導体棒の両端に貯まる正負の電荷量とともに強くなり，いずれ下向きの磁気力 $F = qvB$ と同じ大きさになり，つり合う．このとき，棒内の電荷の移動は止まる．つり合いの条件 $F = F'$ から (4.53) を得る．

[4.4] 題意より，$dI/dt = -50$ A/s である．したがって，$L = 2.0 \times 10^{-4}$ H の誘導起電力は $V = -L\,dI/dt = -(2.0 \times 10^{-4}) \times (-50) = 10\,\mathrm{mV}$ となる．

[4.5] 題意から，$|dI_1/dt| = 5/0.01 = 500$ A/s のとき $V_2 = 20$ V なので，相互インダクタンスの大きさは $M = V_2/|dI_1/dt| = 20/500 = 40\,\mathrm{mH}$ となる．

[4.6] N_2 巻きの 2 次コイルの N_2 は (4.46) より $N_2 = N_1 V_2/V_1$ なので $V_1 = 100$ V，$V_2 = 1800$ V，$N_1 = 200$ を代入すると，$N_2 = 3600$ となる．

[4.7] 電力量 H は (2.15) から電力 P と時間 t の積，$H = Pt$ である．この H が磁場のエネルギー U_m に等しい（$U_\mathrm{m} = H$）として，(4.50) を使えば $L = 2U_\mathrm{m}/I^2 = 2H/I^2 = 2 \times (0.5 \times 10^3 \times 3600)/100^2 = 360$ H となる．

第 5 章

[5.1] t と x の次元を $[t] = T$ と $[x] = L$ で表す．ここで，T は時間 (Time)，L は長さ (Length) を意味する．u と v の次元を $[u]$ と $[v]$ で表すと，波動方程式 $\partial^2 u/\partial x^2 = (1/v^2)\partial^2 u/\partial t^2$ の次元は $[u]/L^2 = (1/[v]^2)[u]/T^2$ と表せるから，$[v] = L/T$ となる．したがって，v は速度の次元をもつことがわかる．

[5.2] (5.20) の $E(x, t)$ に対して，[例題 5.1] で述べた合成関数の微分を行なえば，$\partial^2 E/\partial x^2 = -k^2 E$ と $\partial^2 E/\partial t^2 = -\omega^2 E$ を得る．これらを (5.11) の波動方程

式に代入し，$\omega = ck$ を使えば，$\varepsilon_0 \mu_0 c^3 = 1$ となる．

[**5.3**] $B = E/c = (90/c) \sin(10^6 x - \omega t) = B_0 \sin(10^6 x - \omega t)$ なので，$B_0 = 90/c$ である．これに $c = 3 \times 10^8$ m/s を代入すると，$B_0 = 90/(3 \times 10^8) = 300$ nT となる．波長 λ は，波数 $k = 10^6$ を使って $\lambda = 2\pi/k = 2\pi/10^6 = 6.28 \times 10^{-6}$ m となる．周波数 f は $f = c/\lambda = 3 \times 10^8/(6.28 \times 10^{-6}) = 4.78 \times 10^{13}$ Hz となる．

[**5.4**] 波長 λ の式に $f = 84.4 \times 10^6$ Hz を代入すると，$\lambda = c/f = 3 \times 10^8/(84.4 \times 10^6) = 3.6$ m となる．

[**5.5**] S の時間平均 $\langle S \rangle$ は (5.29) の $\langle S \rangle = E_0^2/2\mu_0 c$ であるから，$E_0 = 1.0 \times 10^{-2}$ N/C と $\mu_0 c = 377$ Ω を代入して $\langle S \rangle = 1.3 \times 10^{-7}$ J/(m^2·s) となる．磁場の振幅は，$B_0 = E_0/c = 3.3 \times 10^{-11}$ T となる．

[**5.6**] $a = 0.5 \times 10^{-3}$ m，$l = 1$ m の導線の表面積は $A = 2\pi a l = 3.14 \times 10^{-3}$ m^2 である．(5.30) のポインティング・ベクトル $S = RI^2/A$ に $R = 8$ Ω，$I = 2$ A を代入すると，$S = 10.2 \times 10^3$ W/m^2 となる．その向きは，半径方向で内向きとなる．

[**5.7**] (5.30) の仕事率 SA に $S = 1000$ W/m^2，$A = 50$ m^2 を代入すると，$SA = 5 \times 10^4$ W $= 5 \times 10^4$ J/S である．したがって，$E = SA \times 1$ h $= SA \times 3600$ s $= 1.8 \times 10^8$ J となる．

第 6 章

[**6.1**] 交流電流であるから，平均値（時間平均）はゼロである．また，電流の最大値 I_0 は $I_0 = \sqrt{2} I_e = \sqrt{2} \times 8.1 = 1.41 \times 8.1 = 11.42$ A である．

[**6.2**] (6.10) に (6.11) の $V(t) = V_0 \sin \omega t$ と (6.12) の $I(t) = I_0 \sin(\omega t - \delta)$ を代入すると，$A \sin \omega t + B \cos \omega t = 0$ の形にまとめることができる．$\sin \omega t$ と $\cos \omega t$ は時間とともに変化するから，この式が常に成り立つためには，係数 A と B はゼロでなければならない．したがって，$A = I_0 \omega (R \sin \delta - X \cos \delta) = 0$ から，$\tan \delta = X/R$ を得る．ここで，$X = L\omega - 1/C\omega$ である．また，$\sin^2 \delta + \cos^2 \delta = 1$ から $\cos \delta = R/\sqrt{R^2 + X^2}$ と $\sin \delta = X/\sqrt{R^2 + X^2}$ なので，これらを $B = I_0 \omega (R \cos \delta + X \sin \delta - V_0/I_0) = 0$ に代入すると，$I_0 = V_0/\sqrt{R^2 + X^2} = V_0/Z$ を得る．

[**6.3**] インピーダンス Z はリアクタンス $X = R \tan \delta$ を使って，$Z = V_e/I_e = \sqrt{R^2 + X^2} = R\sqrt{1 + (\tan \delta)^2}$ と書けるので，抵抗は $R = V_e/\{I_e\sqrt{1 + (\tan \delta)^2}\}$ で与えられる．電流の位相は起電力より $\pi/4$ 進んでいるから，位相差は $\delta = -\pi/4$ で，$\tan(-\pi/4) = -1$ である．$I_e = 9$ A，$V_e = 180$ V より $R = 14.1$ Ω となる．また，リアクタンスは $X = R \tan \delta = -14.1$ Ω となる．

[6.4]　$\omega = 2\pi f = 2\pi \times 60 = 377\,\mathrm{Hz}$ であるから，$X_C = 1/\omega C = 1/\{377 \times (10 \times 10^{-6})\} = 265\,\Omega$ となる．したがって，実効電流は $I_e = V_e/X_C = 100/265 = 0.377\,\mathrm{A}$ となる．

[6.5]　V_L の振幅は (6.20) より $X_L I_0$ で，$I_0 = V_0/R$ だから振幅を V_0 で割れば，$X_L I_0/V_0 = X_L/R = \omega_0 L/R = Q$ となる．一方，V_C の振幅は (6.21) から $X_C I_0$ であるが，共振しているから $X_C = X_L$ である．したがって，V_L と同じ結果を得る．

[6.6]　コイルの自己インダクタンス L は $L = 1/(2\pi f)^2 C = 1/[(2\pi \times 60 \times 10^3)^2 \times (2000 \times 10^{-12})] = 0.0035\,\mathrm{H}$ である．

[6.7]　表記を簡潔にするために，時間微分に $dx/dt = \dot{x}$, $d^2x/dt^2 = d\dot{x}/dt = \ddot{x}$ のようなドット記号を使うと，$d\dot{x}^2/dt = (d\dot{x}^2/d\dot{x})(d\dot{x}/dt) = 2\dot{x}\ddot{x}$, $dx^2/dt = (dx^2/dx)(dx/dt) = 2x\dot{x}$ であることがわかる．

したがって，(6.46) の両辺に $\dot{x}$ を掛けたものは

$$\frac{d}{dt}\left(\frac{1}{2}m\dot{x}^2\right) + b\dot{x}^2 + \frac{d}{dt}\left(\frac{1}{2}kx^2\right) = F\dot{x}$$

となるので，

$$\frac{d}{dt}\left(\frac{1}{2}m\dot{x}^2 + \frac{1}{2}kx^2\right) = -b\dot{x}^2 + F\dot{x}$$

となる．

さらに勉強するために

本書は電磁気学の基礎的な内容を扱っているので，さらに広く深く電磁気学を学ぶために役立つと思われる書を少し挙げておく．なお，本書の執筆においても，下記の書物からいろいろと学び，参考にさせて頂いたことを付記しておく．

［1］ 小出昭一郎 著：「電磁気学 物理学［分冊版］」（裳華房）
　　電磁気学の基本的な法則や現象が，やさしくコンパクトにまとめられた本である．
［2］ 原 康夫 著：「電磁気学（Ⅰ），（Ⅱ）」（裳華房）
　　多くの例題や問題を通して，電磁気学の基本的な概念や法則を深く理解できる本である．
［3］ バーガー-オルソン 共著，小林澈郎・土佐幸子 共訳：「電磁気学 ―新しい視点にたって―Ⅰ，Ⅱ」（培風館）
　　現代的なトピックスを題材にして，電磁気学の魅力と楽しさを実感させてくれる本である．
［4］ フライシュ 著，河辺哲次 訳：「マクスウェル方程式 ―電磁気学がわかる4つの法則―」（岩波書店）
　　基礎的な法則からマクスウェル方程式が導かれるまでの道筋と論理が，積分形と微分形の2つの表現に対して，丁寧に解説された斬新な本である．
［5］ サーウェイ 著，松村博之 訳：「科学者と技術者のための 物理学Ⅲ ―電磁気学―」（学術図書出版社）
　　身近な電磁気現象をたくさん例題にしているので，法則を適用する力が養える本である．

［6］　砂川重信 著：「理論電磁気学」（紀伊國屋書店）

　　味わいのある文体と高度な内容で，電磁気学が場の理論であることを丁寧に教えてくれる好著である．

［7］　ジャクソン 著，西田 稔 訳：「電磁気学（上），（下）」（吉岡書店）

　　かなり高度な内容と広い領域をカバーしており，研究者には定評のある大著である．

［8］　中野董夫 著：「相対性理論」（岩波書店）

　　電磁場と相対性理論との関係をわかりやすく解説した章がある．

［9］　牟田泰三 著：「電磁力学」（岩波書店）

　　電磁気学をゲージ場理論の原型と位置づけて，現代物理学における統一理論の観点から丁寧に記述された教育的な本である．

索引

ア

RC 回路　78
RI^2 損失　59
RLC 直列回路　167
アインシュタインの特殊相対性原理　202
アンペールの法則　73
アンペール - マクスウェルの法則　83
アンペール・ループ　75

イ

emf（起電力）　53
位相　164
　——角　170
　——差　170
　——図　166
　——ベクトル　166
　初期——　164
　同——　172
一様な電場　12
一般化されたオームの法則　57
インダクタンスの単位　133
インピーダンス　169
　真空の——　158

ウ

渦電流　124
渦なしの場　33

エ

LC 回路　178
LR 回路　134
MKS 単位系　3
MKSA 単位系　3
遠隔作用論　8

オ

オイラーの公式　190
オームの法則　56
　一般化された——　57

カ

外積（ベクトル積）　67, 188
回路　56
　——素子　167
　LC——　178
　LR——　134
　RC——　78
　RLC 直列——　167
　共振——　175
　電気——　56
　等価——　182

ガウスの定理　206
ガウスの発散定理　160, 206
ガウスの法則　18
　磁場の——　86
　電場の——　18
ガウス面　21
角振動数（角周波数）　164
　共振——　175
　固有——　179
過渡電流　78
ガリレイの相対性原理　202
ガリレイ変換　202
慣性系　200

キ

Q 値　177
起電力（emf）　53
　逆——　133
　交流——　126, 164
　誘導——　119
共振　175
　——回路　175
　——角振動数　175
キルヒホッフの第 1 法則　61
キルヒホッフの第 2 法則　62

索　引

近接作用論　8

ク

偶力　101
クーロンの法則　2
クーロン力　2
　——の重ね合わせの
　　原理　6

ケ

経路積分　27
ゲージ場　161

コ

コイル　77
　——の磁気モーメント
　　104
　——の静止系　202
光速　153
交流　128
　——起電力　126, 164
　——電圧　164
固有角振動数　179

シ

磁気エネルギー　141
磁気双極子　105
　——モーメント　106
磁気モノポール　88
磁気モーメント　106
　コイルの——　104
磁極　65
磁気力　65, 94
自己インダクタンス
　（自己誘導係数）　132

仕事　25
　——の単位　25
自己誘導　133
　——係数（自己インダ
　　クタンス）　132
自然対数の底　190
磁束　86
　——管　87
　——の単位　87
　——密度　65
実験室系　202
実効値　165
磁場　65, 95
　——のエネルギー
　　141
　——密度　141
　——のガウスの法則
　　86
　——の単位　68, 95
　電——　145, 202
　誘導——　114
周回積分　33
周期　165
自由空間（真空）　46
自由電子　37, 53
周波数（振動数）　165
　角——　164
ジュール熱　59
　——損失　59
循環　33
瞬間的な電流　52
準静過程　27
消費電力　174
初期位相　164
磁力線　68

　——のインピーダンス
　　158
真空の透磁率　67
真空の誘電率　3
振動数（周波数）　165
　角——　164

ス

スカラー積（内積）
　13, 187
ストークスの定理
　160, 205
スピン　108

セ

静磁場　65
静電気　2
　——力　2
静電場　8
静電ポテンシャル　28
静電誘導　38
静電容量　40
　——の単位　41
線積分　27
線素　26

ソ

相互インダクタンス
　136
相互誘導　137
相反定理　138
ソレノイダルな場　33
ソレノイド　77
　理想的な——　77

索引

タ

対称性　21
単位正電荷　9
単位ベクトル　5, 186
単位法線ベクトル　13

チ

力のモーメント（トルク）　101
直線偏波　153
直流　52

テ

抵抗　56
　——の単位　56
　——率　57
　電気——　56
　比——　57
定常電流　52
　非——　52
テイラー展開　190
テスト電荷　9
電圧　29
　——降下　56
　交流——　164
電位　28
　——差　29
　——差の単位　30
　——の勾配　35, 36
　——の単位　30
　等——面　34
電荷　2
　——の保存則　61
　——密度　160

テスト——　9
点——　2
面——密度　23
電気エネルギー　28
電気回路　56
電気振動　178
電気抵抗　56
電気的な位置エネルギー　28
電気伝導率　57
電気力線　11
電源　53
電磁波　148
　——の強度　158
　平面——　149
電磁誘導　112
電磁場　145, 202
　——のエネルギー密度　157
電子ボルト　31
電束　12
　——の単位　15
点電荷　2
伝導電子　37
伝導電流　55
電場　8
　——のエネルギー　45
　——密度　45
　——の単位　9
　——のガウスの法則　18
　静——　8
電流　51, 52
　——の単位　52

　——密度　52, 160
　——要素　66, 97
渦——　124
過渡——　78
瞬間的な——　52
非定常——　52
平均的な——　51
変位——　84
誘導——　113
ループ——　107
電力　59
　——の単位　60
　——量　60
　起——　53
　消費——　174
　平均——　174

ト

同位相　172
等価回路　182
導体　37
不——　37
同調　177
等電位面　34
ドリフト速度　55
トルク（力のモーメント）　101

ナ

内積（スカラー積）　13, 187

ネ

ネピアの数　190

索 引

ハ

場 8
　渦なしの── 33
　ゲージ── 161
　磁── 65, 95
　静電── 8
　ソレノイダルな── 33
　電── 8
波数 154
波動方程式 151
パワー 59
パラドックス 82
半値幅 176

ヒ

ビオ-サバールの法則 66
比抵抗 57
非定常電流 52

フ

ファラデーの法則 115
ファラデーの電磁誘導の法則 115
不導体 37

ヘ

閉曲面 16
平均的な電流 51
平均電力 174
平衡状態 37
平行板コンデンサー 42
平面電磁波 149
平面波 149
ベクトル 4
　──積 67, 188
　──ポテンシャル 161
　位相── 166
　単位── 5
　単位法線── 13
　ポインティング・── 158
変圧 140
　──器 139
　理想的な──器 140
変位電流 84
偏微分 35, 191

ホ

ポインティング・ベクトル 158
　──の単位 158
保存力 33

マ

マクスウェル方程式 18, 145

ミ

右手の規則 188
右ネジの規則 188

メ

面積分 16
面積ベクトル 14
面積要素 15
面電荷密度 23

ユ

誘導起電力 119
誘導磁場 114
誘導電流 113
誘導リアクタンス 170

ヨ

容量リアクタンス 170
横波 152

リ

リアクタンス 170
　誘導── 170
　容量── 170
力率 174
理想的なソレノイド 77
理想的な変圧器 140
立体角 193

ル

ループ電流 106

レ

レンツの法則 116

ロ

ローレンツ変換 202
ローレンツ力 95

著者略歴

河辺哲次 (かわべてつじ)

1949 年　福岡県出身
1972 年　東北大学工学部原子核工学科卒
1977 年　九州大学大学院理学研究科(物理学)博士課程修了(理学博士)
　その後，高エネルギー物理学研究所(現：高エネルギー加速器研究機構 KEK)助手，九州芸術工科大学助教授，同教授，九州大学大学院教授を経て，現在，九州大学名誉教授．
　その間，文部省在外研究員としてコペンハーゲン大学のニールス・ボーア研究所(デンマーク国)に留学．専門は素粒子論，場の理論におけるカオス現象．

著書：「スタンダード 力学」(裳華房)
　　　「工科系のための 解析力学」(裳華房)
　　　「物理と工学のベーシック数学」(裳華房)
　　　「ファーストステップ 力学」(裳華房)
　　　「物理学を志す人の 量子力学」(裳華房)
訳書：「マクスウェル方程式」(岩波書店)
　　　「物理のためのベクトルとテンソル」(岩波書店)
　　　「算数でわかる天文学」(岩波書店)
　　　「量子論の果てなき境界」(共立出版)
　　　「波動」(岩波書店)
　　　「ファインマン物理学 問題集 1,2」(岩波書店)
　　　「シンプルな物理学」(共立出版)
　　　「シュレーディンガー方程式」(岩波書店)

ベーシック　電磁気学

2011 年 10 月 25 日　第 1 版 1 刷発行
2013 年 10 月 5 日　第 2 版 1 刷発行
2022 年 7 月 25 日　第 2 版 5 刷発行

検印省略

定価はカバーに表示してあります．

著作者　河辺哲次
発行者　吉野和浩
発行所　東京都千代田区四番町 8-1
　　　　電話　03-3262-9166 (代)
　　　　郵便番号　102-0081
　　　　株式会社　裳華房
印刷所　三報社印刷株式会社
製本所　株式会社松岳社

一般社団法人
自然科学書協会会員

JCOPY 〈出版者著作権管理機構 委託出版物〉
本書の無断複製は著作権法上での例外を除き禁じられています．複製される場合は，そのつど事前に，出版者著作権管理機構(電話03-5244-5088，FAX03-5244-5089，e-mail:info@jcopy.or.jp)の許諾を得てください．

ISBN 978-4-7853-2237-3

Ⓒ 河辺哲次, 2011　　Printed in Japan

河辺哲次先生ご執筆の書籍

大学初年級でマスターしたい 物理と工学の ベーシック数学

河辺哲次 著　Ａ５判／284頁／定価 2970円（税込）

【主要目次】1. 高等学校で学んだ数学の復習 －活用できるツールは何でも使おう－　2. ベクトル －現象をデッサンするツール－　3. 微分 －ローカルな変化をみる顕微鏡－　4. 積分 －グローバルな情報をみる望遠鏡－　5. 微分方程式 －数学モデルをつくるツール－　6. ２階常微分方程式 －振動現象を表現するツール－　7. 偏微分方程式 －時空現象を表現するツール－　8. 行列 －情報を整理・分析するツール－　9. ベクトル解析 －ベクトル場の現象を解析するツール－　10. フーリエ級数・フーリエ積分・フーリエ変換 －周期的な現象を分析するツール－

ファーストステップ 力 学 －物理的な見方・考え方を身に付ける－

河辺哲次 著　Ｂ５判／164頁／定価 2420円（税込）

スタンダード 力 学

河辺哲次 著　Ａ５判／192頁／定価 2310円（税込）

工科系のための 解析力学

河辺哲次 著　Ａ５判／216頁／定価 2640円（税込）

物理学を志す人の 量子力学

河辺哲次 著　Ａ５判／328頁／定価 3520円（税込）

本質から理解する 数学的手法

荒木　修・齋藤智彦 共著　Ａ５判／210頁／定価 2530円（税込）

大学理工系の初学年で学ぶ基礎数学について、「学ぶことにどんな意味があるのか」「何が重要か」「本質は何か」「何の役に立つのか」という問題意識を常に持って考えるためのヒントや解答を記した。話の流れを重視した「読み物」風のスタイルで、直感に訴えるような図や絵を多用した。

【主要目次】1. 基本の「き」　2. テイラー展開　3. 多変数・ベクトル関数の微分　4. 線積分・面積分・体積積分　5. ベクトル場の発散と回転　6. フーリエ級数・変換とラプラス変換　7. 微分方程式　8. 行列と線形代数　9. 群論の初歩

マクスウェル方程式から始める 電磁気学

小宮山　進・竹川　敦 共著　Ａ５判／288頁／定価 2970円（税込）

基本法則であるマクスウェル方程式をまず最初に丁寧に説明し、基本法則から全ての電磁気現象を演繹的に説明することで、電磁気学を体系的に理解できるようにした。クーロンの法則から始める従来のやり方とは異なる初学者向けの全く新しい教科書・参考書であり、首尾一貫した見通しの良い論理の流れが全編を貫く。理工学系の応用・実践のために充全な基礎を与え、初学者だけでなく、電磁気学を学び直す社会人にも適する。

裳華房ホームページ　https://www.shokabo.co.jp/